AUTOMATA

Rivista di Natura, Scienza e Tecnica nel mondo antico
Journal of Nature, Science and Technics in the ancient World

Rivista diretta da A. Ciarallo *(Soprintendenza Archeologica di Pompei)*

Comitato scientifico:
Prof. M. Aoyagi, *University of Tokyo*
Prof. P. Galluzzi, *Istituto e Museo di Storia della Scienza, Firenze*
Prof. M. Henneberg, *University of Adelaide*
Prof. D. Stanley, *Smithsonian Institution, Washington D.C.*

AUTOMATA

Anno II 2007   Fasc. 1

Rivista di Natura, Scienza e Tecnica nel mondo antico
Journal of Nature, Science and Technics in the ancient World

«L'ERMA» di BRETSCHNEIDER

Automata, 2
Rivista di Natura, Scienza e Tecnica nel mondo antico
Journal of Nature, Science and Technics in the ancient World

Automata : rivista di natura, scienza e tecnica del mondo antico. – A. 1, fasc. 1
(2006)-.—Roma : «L'ERMA» di BRETSCHNEIDER, 2006- . –v. ; 30 cm
Annuale. –Complemento del titolo anche in inglese.
ISSN 1828-9274

CDD 21. 930.05
Archeologia – Periodici
Antichità classiche – Periodici
Scienze – Antichità – Periodici

Sommario

NU.GIRI$_{12}$. Il Giardiniere di Babilonia

di

*Marco Ramazzotti**

ABSTRACT

This paper analyzes the archaeology, the art history and the mythologies of gardens and landscapes in ancient Mesopotamia. With a literary fiction, a dream, the author aims to introduce the reader into the royal parks of the Mesopotamian kings and, most of all, into the lost hanging gardens. Archaeological evidences cannot state the exact collocation of these gardens, but they existed. This is a walking tour into the literary evidences and into conceptual perceptions dealing with the story of the wonderfull gardens of the Mesopotamian cities, temples, palaces and monuments.

1. NU.GIRI$_{12}$. IL GIARDINIERE DI BABILONIA E L'APOLOGIA DI UN SOGNO.

Passeggiando nella finzione archeologica dei giardini di Babilonia, tra le Sette Meraviglie del Mondo una delle più discusse[1], si può essere attirati dai fiori che decoravano, disposti in una successione di terrazze pensili, i limiti settentrionali del suo Palazzo Meridionale; Nabucodonosor II (605-562 a.C.) lo si potrebbe, così, scorgere sul ciglio di un pistillo, attratto dai petali di fiori aperti che certo, nell'estate di quella reggia, a poca distanza dalla sua residenza estiva[2], avrebbe accolto il popolo brulicante dei giardinieri. Ed è, prima ancora del Giardino (in sumerico *kirûm*, semitico *gannu*), quasi necessario riscontrare, alle prime luci dell'alba, il giardiniere intento ad innaffiare, potare, curare ed erogare rivoli infiniti di sapienza per esaltare e deliziare l'anima del suo sovrano e padrone. Quel giardiniere – che si fregiava del suo nome sumerico NU.GIRI$_{12}$[3] – vorrei restituirvelo come un 'giardiniere dell'anima'. Sì, perché secondo un'antica usan-

za l'anima era coltivata come la cultura, l'intelletto e la scrittura e Babilonia è La Babilonia, nel centro ideale di Sumer[4]; è la *Eme-gi*, quella fertile «terra coltivata» riflessa poi nell'immagine biblica, fiorita, del *Giardino dell'Eden* (in *Gen.* 2: 10-15), ma soprattutto è oggi la mappa geografica, politica e percettiva immaginata all'infinito possibile dei nostri altrettanto infiniti angoli visuali[5].

Indipendentemente dalla forte suggestione che promana la certa presenza epigrafica di giardini «Reali» a Babilonia nel III e II mill. a.C.[6]; dalle diverse e controverse ipotesi archeologiche riferite alla collocazione dei suoi «Giardini Pensili» del I millennio a.C.[7]; dalla singolare distrazione storiografica di Erodoto che, pur avendo come fonte informativa i Caldei, dimenticò di annoverare quella meraviglia[8]; dal racconto novellistico di Senofonte che, forse troppo abbagliato dalla conquista persiana di Babilonia, non li menzionò[9]; dalla notizia di Diodoro Siculo secondo cui i Giardini sarebbero stati costruiti per la prima moglie di Shamshi-Adad V (823-811 a.C.) a

Ninive, in Assiria[10]; dall'enfasi romanzata e universalistica con la quale Berosso, sacerdote babilonese alla corte di Antioco I, descrisse i Giardini Pensili di Babilonia[11]; da ogni riflesso paradisiaco assiro che potrebbe aver condizionato proprio la discontinua tradizione formativa letteraria dei giardini babilonesi[12] o, viceversa, da ogni incoerenza "lessicale" presente di molte attribuzioni toponomastiche assire[13], quei Giardini, i leggendari Giardini Pensili di Babilonia insieme alla semi-mitica Torre di Babele[14] che nella *Genesi* sarà il «simbolo dell'arroganza di un popolo che con una costruzione vorrebbe toccare il cielo» vegliano nella memoria culturale, ovvero nel rapporto continuo e fluente tra memoria e cultura[15].

Così, ancor prima di tutte queste discordanze, oppure allo stesso tempo della mia immaginazione (ma nel sogno non conta, come noto) ecco comparire – in controluce tra i bagliori rigati delle persiane – alle prime luci dell'alba, nel dormiveglia causato dal disgraziato lampione, sempre acceso, dietro la serranda nell'unica finestra della mia stanza, prima dietro le due coloratissime carte della variabilità meteo-climatica del Vicino Oriente[16], poi oltre quella nuda, in bianco e nero, preziosissima, dei diagrammi pollinici aggiornati della Mesopotamia[17], fiumi e paludi, laghetti e rivoli in un gorgogliare scintillante di suoni, luci, colori e profumi. Per iniziare la sua opera al Palazzo, il giardiniere doveva attraversarli, lasciando la sua famiglia nella casa di un piccolo villaggio a poca distanza, fuori le mura, e oltrepassare i piccoli giardini delle palme da dattero, alberi della ricchezza e «preziosi fratelli»[18], cinti e regolarmente distanziati da muretti leggeri in terra battuta o da staccionate in canne[19]. Di solito vi tornava al tramonto, dopo aver indicato al personale le precise disposizioni notturne per un corretto mantenimento dell'equilibrio, termico e idrostatico, delle sue "gemme". Tutte le piante dei giardini pensili, se come sembra erano presenti davvero nel Palazzo Meridionale, avrebbero dovuto infatti superare il buio e il freddo, come ovunque nella Mesopotamia centrale, ma dal momento che quelle più preziose erano state importate era anche indispensabile mantenere, in qualcosa di simile ad una serra, l'ambiente artificiale che era stato appositamente ricostruito.

2. MEMORIE, VISIONI E RIMEMBRANZE BOTANICHE DI UN ARCHETIPO.

Il giardiniere dell'anima di Nabucodonosor II doveva essere cosciente della lunga tradizione flori-orticola di quella Babilonia dove vivevano, sin dalla seconda metà del III millennio, i gloriosi sovrani del Paese di Sumer ed Akkad[20] e, anche se non aveva frequentato la scuola degli scribi (l'Edubba), vantava quel glorioso nome sumerico, una sorta di archetipo di

qualità intrinseche dei sovrani[21] ripreso, forse, addirittura, dall'altra titolatura dell'ignoto «Coppiere del re di Kish», il patrigno di Sargon di Akkad, il fondatore del primo impero universale[22] o, semplicemente, dal medesimo appellativo con il quale Marduk, dio nazionale della Babilonia cosmopolita, era spesso definito nei poemi antico-babilonesi[23].

Quello che per i sovrani e per gli dei era un titolo, NU.GIRI$_{12}$ lo aveva ricevuto come *nome di persona* e, di fatto, da quel nome, per necessità o per orgoglio, era partito, sin da giovanissimo a memorizzare quasi per gioco gli importanti frammenti delle liste lessicali che elencavano, in diverse traduzioni dal sumerico, le specie delle piante[24]. Poteva certo dimenticare un nome, una qualche associazione tra il nome e il significato delle piante[25] tanto più che aveva da pochi lustri varcato la bassa soglia della senilità, ma a Corte si diceva che solo la sua pluriennale esperienza di odori e fumigazioni vegetali avrebbe potuto alleviare le pene, i dolori e gli affaticamenti del suo re, e – in ogni caso (perché no) – del suo Harem, se – a quanto pare – anche l'amante maschile era indicato come "giardiniere", in un'accezione solo formalmente metaforica[26].

Babilonia, durante l'*Akitu*, la festa del Nuovo anno che si svolgeva in primavera, era come nella metà del IV millennio Uruk, sul finire del III Girsu e Nippur[27] e nel I certamente Assur – la capitale santa del Nord dove Sennacherib costruì il santuario del *Bit-Akitu* dopo aver distrutto Babilonia nel 689 a.C. – rigogliosa di diversi giardini nei quali si consumavano feste e rituali propiziatori. Era incredibilmente fiorente: il blu intenso rendeva iridescenti le pareti smaltate della Porta di Ishtar e della Via delle Processioni (l'*Ayiburishabu*) con fregi composti di animali divini

(i leoni e i tori) e simbolici (come il drago *Mushkhushshu*) passanti, incorniciati da fregi continui di rosette[28] e cascate di glicine (o piante rampicanti) trasbordavano dai parapetti lambendo ombrose e fresche palme, disposte in ordine davanti alla sfilata degli dei patroni, o mescolate insieme ad alberi da frutto sui terrazzi che, posti in diversi piani architettonici, su calibrati dislivelli, conducevano, lentamente dalla Porta di Ishtar al Tempio di Marduk (l'*Esaghil*). All'altezza del Tempio della Dea, sulla Via Sacra, li si poteva scorgere adattati ai "numerosi" gradoni della torre[29]. Non v'era occasione migliore per ricollegare gli dei alla terra e d'altronde, oltre due millenni prima, Dumuzi – in quella stessa stagione – poco più a Sud, in prossimità delle Paludi dello Shatt el-'Arab, avrebbe incontrato la dea Inanna, dea della Guerra e dell'Amore che, dopo quell'unione sacra, avrebbe dato inizio all'Anno Nuovo.

Il giardiniere di Nabucodonosor non aveva sentito mai parlare di un paradiso come poi lo avremmo inteso noi, seguendo, misconoscendo o talora ignorando le inevitabili Sacre Scritture[30], ma sapeva che qualcosa di eccelso – gli era stato tramandato – accadeva quotidianamente nel mitico *Eengurra di Eridu* fondato sull'*Apsû*, l'Oceano Primordiale, il palazzo di cui Enki aveva «intrecciato le sacre siepi di canne», sede che conservava i destini dell'uomo, il luogo cosmico che pre-esisteva alla natura stessa[31]. Lì, piante e giardini divini avrebbero decorato per necessità le superfici aperte delle sue corti piantate sul terreno vergine, «splendenti come lapislazzuli»; e anche se di quell'edificio s'era persa traccia, i fantastici decori dipinti della *Peinture de l'Investiture*, sotto il portico del prospetto settentrionale della *Cour du Palmier 106 a Mari*[32], distanti da lui poco più di un millennio, offrivano al suo mistico abbaglio letterario una condizione quantomeno storica, spaziale, possibile[33]. Lì, nel Palazzo della celebre dinastia locale (la dinastia degli *Shakkanakku*), sul medio Eufrate siriano, le tracce di un ingegnoso meccanismo attivavano il gorgogliare degli zampilli sulla veste delicatamente incisa con l'antico disegno dei pesci in risalita della Dea, stante ma in posa ieratica ed eretta sopra un podio nel vestibolo della Sala del Trono (il *Papahum*)[34]. Quella dea, purtroppo, possiamo conoscerla solo come la «Dea delle Acque Zampillanti», prototipo agli inizi del II millennio di una raffinatissima esecuzione scultorea che disegnava in analoga postura la perfetta, nel suo stile, e classica, nel suo ambito estetico, statua in steatite di Gudea con l'ampolla; dedicata in ricordo della costruzione del Tempio di Ninghishzida[35], divinità che – anche nella glittica del periodo – lo introduce spesso al cospetto di Enki[36].

Gli stessi vasi-ampolle erano ritenuti, dunque, un ideogramma ricorrente e quasi immutabile[37] che segnava il contatto, la giunzione e la relazione tra scene riferite a divinità femminili, a rilevanti uomini oppure a divinità maschili; scene che – in Babilonia e in Assiria – erano mosse da iconologie simili, mai identiche, sempre sintatticamente affini (si ricorda, infatti, che quegli stessi dei sono presenti sia nel celebre rilievo cultuale da Assur datato al XV-XIV sec. a.C. che in un famoso fregio d'avorio ad intarsi proveniente dal Palazzo Nuovo di Tukulti-Ninurta I ad Assur del XII sec. a.C.[38]). Non sappiamo se il nostro giardiniere dell'anima, avesse raggiunto in pellegrinaggio o in visita il tempietto cassita, ma non importa, meglio di noi avrebbe percepito la sacralità dell'infinito rivolo *d'acqua della vita* che sgorgava da quelle ampolle, come renderlo il nutrimento misurato delle sue piante e dei suoi fiorami, in che modo ombreggiare i 'monumenti parlanti' della sua città. Aveva, infatti, certamente colto il messaggio profondo del celebre *Mito di Adapa* e sapeva che il rispetto verso *l'acqua della vita* gli avrebbe permesso di continuare l'esistenza oltre la morte[39]; d'altronde partecipava alla recita, corale, dei rituali che prevenivano la catastrofe ambientale sempre immanente e ben sapeva quanti scongiuri e quali maledizioni lanciare contro *l'acqua della morte*[40]. Il suo arrivo era tremendo, improvviso, inavvertito, annegava il suo lavoro, lavoro che non era una prassi, ma un dovere, universale almeno quanto lo erano le scelte degli dei. Enlil, poi, se non avesse osservato quella cura verso l'acqua della vita, non lo avrebbe preso a cuore, non si sentiva fortunato come il redivivo Zi-u-sudra, salvato poiché avvertito, prima della catastrofe, da un leggero sussurro inviatogli attraverso le pareti di canne della sua reggia[41].

Il nostro giardiniere si trascinava, inoltre, l'antica angoscia percepita dai suoi predecessori quando, raccolti sulla cima dell'*Etemenanki*, avevano osservato all'orizzonte l'implacabile avanzata degli eserciti di Sennacherib anticipata dalla lenta, inesorabile demolizione dei frutteti e dei giardini disposti tutti intorno la mura[42] perché i rifugiati uscissero allo scoperto[43].

Entrato all'interno di Babilonia il sovrano, empio, avrebbe poi dato alle fiamme i singoli edifici, ma prima che questi fossero avvolti dalla cenere ne aveva ben catturato l'immagine e l'intensità simboliche se, come è certo, il *Bit-Akitu* che eresse nella città santa di Assur, è replica architettonica di quello che aveva distrutto a Babilonia. L'edificio, infatti, conteneva una corte alberata e porticata dietro alla quale il nucleo di ambienti di rappresentanza, più tardi, avrebbe ispirato la dislocazione spaziale di quelli della Sala del Trono del Palazzo Meridionale di Nabucodonosor; quella stessa Sala del Trono il cui articolato e ormai veramente classico prospetto floreale invetriato[44] NU.GIRI$_{12}$, spesso, ammirava ogni qualvolta passava dal «Luogo Risplendente» – così era definita la corte principale del Palazzo Meridionale – al piano superiore del posto a sud della Corte dell'Annesso dove erano collocati, certo non lontano dagli appartamenti reali della Regina, i Giardini.

3. IL *CURSUS HONORUM* DI NU.GIRI$_{12}$. ESPERIENZE, TECNICHE E TECNOLOGIE (PARTE I)

Ma lasciamoci dietro – per un breve istante – quelle sue conoscenze mitico-simboliche dotte (ma imprecise), le sue antiche paure (vissute, ma solo nel racconto di altri), le sue divagazioni spaziali (amene passeggiate, troppo estatiche) e veniamo, ora – più concretamente! – al Suo *cursus honorum*, ovvero al lento movimento che rese la zappa del giardiniere quantomeno analoga allo stile dello scriba, se poi è certo che fu lui a sorvegliare la "vegetazione controllata" della città di Marduk.

È difficile immergersi nelle tecniche di lavorazione con l'*Apin*, un aratro semplice trascinato dai buoi che serviva si nel IV e nel III millennio per seminare nel solco aperto della zolla[45]; questo strumento, il cui destino Enki aveva fissato insieme al giogo[46], era divenuto, sotto Asarhaddon (680-669 a.C.) anche l'ideogramma di una sottile iconologia che, quando lo inseriva nella stretta associazione con la rappresentazione della palma da dattero, indicava la reggenza sull'unico paese dell'Assiria e della Babilonia[47] e quando lo immetteva nelle raffigurazioni della sequenza vincolata – leone, aquila, toro, fico, aratro – indicava la cifra di un crittogramma regale (con il quale si è oggi concordi nel considerarlo come l'espressione regale assira per: «Sargon, re potente, il re del Paese d'Assiria»).

Il nostro giardiniere, che si era formato nei campi della bassa Mesopotamia, conosceva però bene solo l'uso strumentale dell'*Apin* e sapeva come arare la terra perché le piccole piantine, in terreni fortemente limo-argillosi, esponessero i loro primi germogli; aveva memorizzato la differente produttività dei campi lunghi sumerici e dei piccoli appezzamenti quadrati di età akkadica[48] e interveniva direttamente quando era necessario rivangare i depositi di argilla e canne che ostruivano i letti dei canaletti scavati per l'irrigazione locale, così come sistemava, con oculatezza, la pendenza dei piccoli tubi d'argilla che ne garantivano la giusta distribuzione[49]. La sua professionalità, tuttavia, non si arrestava solo a questa conoscenza delle tecniche agricole, il nostro giardiniere era sì un agricoltore, ma conosceva i meccanismi dell'idraulica tradizionale. Apriva così le bocche dei *q nat*[50] che attingevano, tramite complesse macchine idrauliche[51], da una risega aperta nella piana alluvionale prossima alla sponda orientale del fiume (non dalla falda come invece accadeva nell'Assiria collinare e montagnosa), a quel punto, «l'abbondanza del popolo»[52] giungeva sin sotto le cisterne del Palazzo. Il giardiniere, dunque, controllava che i livelli dell'acqua fossero colmi, avviava quei dispositivi che ne permettevano la risalita[53], riempiva i serbatoi superiori, interveniva, poi, coordinando la delicata, continua, ma leggera annaffiatura con il *šādūf*[54], che comportava l'erogazione, attraverso un particolare dispositivo a bilanciere, di piccole quantità d'acqua spruzzate da contenitori lignei foderati con pelli di cammello, opportu-

namente forate[55]. Infine, sapeva quali potature, innesti, riduzioni e sfrondature effettuare sulle piante quando queste mostravano una qualsiasi sofferenza. Aveva, infatti, sempre, dinanzi a se i consigli di suo nonno, le "istruzioni" che questi aveva appreso oralmente da tempi lontani, forse da poemi didattici e che, ricomposte e organizzate, formavano una sorta di manuale, la *Georgica Sumerica*, nella definizione allusiva, anche se impropria, con cui è conosciuto nella letteratura corrente[56].

In casi rari, quando la rianimazione non poteva avvenire, NU.GIRI$_{12}$ doveva ritagliare le piante, rifertilizzare il terreno e asportare le erbacce così, nel suo erbario conservava un ricchissimo strumentario. La falciatura che avveniva con falcetti in bronzo rimasti analoghi, nella forma, a quelli mezzo-lunati in argilla cotta del IV millennio a.C. e che non escluderei possano riconoscersi nello stesso strumento-attributo di moltissime raffigurazioni di sovrani assiri e babilonesi (la cosiddetta arma ricurva), veniva realizzata anche con forbici.

Le loro lame, in ogni caso, dovevano essere sempre affilate, più efficienti nel taglio di quelle antiche anche se, purtroppo, una volta usurate l'intero pezzo doveva essere rifuso, e la fusione in forma era ben altra cosa dalla modellatura in argilla. Così all'origine del suo armamentario, replica più funzionale di quello protostorico, vi erano strumenti antichi che avevano insegnato all'agricoltore la cura dell'orto e dei campi, che lo avevano impegnato a rispettare i tempi della produzione, a prevedere i cicli delle fioriture e degli appassimenti, a mantenere la terra viva evitando che il sale rifiorisse sopra la crosta, ad arginare l'esondazione frequente e imprevista che immergeva le spighe, a solcare in forme e spessori diverse il campo

per lasciare aria, sole e ombra alle diverse colture. Insomma, il nostro giardiniere dell'anima di Nabucodonosor II aveva nel sangue la linfa della domesticazione vegetale: sapeva solcare, piantare, innestare, innaffiare, potare, disegnava con i fiori ogni genere di ricamo. Sì, perché gli «elementi floreali» accompagnavano le percezioni e le visioni di ogni suo movimento all'interno di Babilonia: entrato dalla Porta di Ishtar, il primo effetto che doveva ricordare era proprio il fregio continuo di piccole rosette, colorate dall'invetriatura scintillante dei mattoncini modanati, che 'incorniciava' sulla facciata occidentale del *Ka-dingirra*[57] la teoria di animali divini incedenti verso l'*Eshagil*, il santuario di Marduk nel quartiere definito di Eridu, forse in omaggio alla capitale pre-diluviana di Sumer che antichi miti ponevano sull'*Apsû*. Avrebbe, dunque, desiderato che i suoi giardini, dove aleggiava l'anima del suo re e pulsava il cuore della sua regina non fossero da meno, ma ricalcassero proprio quel medesimo ordine e quella medesima simmetria.

4. PRIMO INTERMEZZO *PRE-DILUVIANO*. LA FUGA "SOGNATA" DI NU.GIRI$_{12}$ DALLA "STORIA REALE".

In questo sogno non sono riuscito ad intrappolare il giardiniere all'interno di una classe sociale subordinata, certo riconoscevo la sua faticosa vita, ma ogni qualvolta tentassi di rapportare il suo impegno a quello dell'agricoltore nei sistemi economici rigidi e strutturati del Dispotismo Orientale[58] sbocciava spontaneamente, ovunque, la sua incontenibile e incontrollabile passione. Nel sogno era come svanito l'impegno centrale del materialismo storico, così attento a ricostruire la storia degli uomini come dialettica e scontro di forze produttive e la collocazione socio-economica di NU.GIRI$_{12}$ mi si polverizzava tra le mani.

5. Il CURSUS HONORUM di NU.GIRI$_{12}$. METAFORE, TOPOI E TEORIE (PARTE II).

Ma ora, ricuciamo le tappe del suo *cursus honorum*. Il nostro giardiniere ben sapeva che la sua opera era un servizio tecnico, per questo aveva dovuto apprendere la conoscenza dei cicli e dei movimenti atmosferici stagionali, ma allo stesso tempo era anche cosciente che sin dal periodo protostorico lo stesso sovrano amava fregiarsi del titolo di «Giardiniere e Cacciatore». Molteplicità degli approcci, o/e delle risposte[59], era questa una dimensione possibile, sufficientemente allusiva, nella quale immergersi; in fondo, il suo lavoro era l'aspetto pratico di una cosmogonia nella quale proprio ogni nascita veniva simulata come giardinaggio, o come dispersione / penetrazione del "seme" sulla e/o nella terra sempre (rigorosamente) "vergine"; per quanto potesse essere all'oscuro dei dettagli rivelati dalla rigorosa e assai postuma esegesi[60], il nostro giardiniere si sentiva a tutti gli effetti, un «tecnico dell'anima». Sicché, insieme all'uso abile di annaffiatoi, forbici, pinze, vanghe e ogni genere di cordicelle, di tanto in tanto ripassava la lezione. Verosimilmente non aveva visitato Warka, né dunque avrebbe potuto riconoscere nello splendido vaso d'alabastro quella sovrapposizione del rito alle piante ordinate e scandite del fregio sottostante che, nella cultura ideografica sumerica, era il segno esplicito, indelebile, tramite il quale si alludeva all'abbondanza controllata della rinascita primaverile dopo il rito del matrimonio sacro.

Eppure aveva ben in mente la differenza tra un paesaggio integralmente domesticato, desiderio

antichissimo degli dei, e uno che, invero, appariva come lontano, brullo, inaccessibile. Si, perché anche qualora non avesse avuto presente l'armonia ostentata nei paesaggi serafici, iconici e acquatici della glittica akkadica[61] e non sapesse dove fossero gli alberi di quel misterioso paesaggio boschivo sede dei Lullubi, i tremendi nomadi sconfitti da Naram Sin nella celebre Stele al Louvre che Winter colloca nell'Iraq Nord-Orientale[62], riconosceva i *topoi* e aveva letto che quell'equilibrio che poneva in un centro ideale gli dei, gli uomini, gli animali e le piante era il giardino. Questo ordine poteva essere scomposto solo da eventi disastrosi e drammatici, dalla cessazione del rivolo primordiale o dalla discesa di uomini per metà animali che, come cavallette, si sarebbero abbattute sul raccolto generando il Caos. Mentre dunque rifletteva su quella distanza simmetrica tra ordine botanico celeste e disastro ambientale sempre immanente, in modo sottile e raffinato tentava di riconciliare l'orrore dell'appassimento indotto, della fine, del Caos e, in altri termini, della dispersione dell'anima del suo sovrano incollando altri frammenti dalla sua biblioteca di notizie. Questi frammenti lo avrebbero rassicurato su come, invece, la sovranità umana fosse intervenuta mostrando tutto il suo impegno per mantenere quell'equilibrio.

Ma era un "buon uomo", troppo lontano nel tempo per intendere il giardino in cui lavorava come la sofisticata catarsi di un'ossessione sessofobica (quale ad esempio quella, modernista, che avrebbe intravisto, nell'antica percezione del paesaggio assiro il desiderio intimo di un dominio maschile, violento quanto astratto, sulla natura femminile[63] e non credeva nell'inutile lotta titanica dell'uomo contro il destino prestabilito, si limitava a rappresentare con la vegetazione,

al cospetto del suo re e dinanzi ai suoi simili, quell'equilibrio, l'*habitat* divino – erano, le sue, solo sfuggenti immagini mentali[64], appena colte e subito retro-proiettate in territori sconosciuti, oppure ologrammi di piante immaginate all'interno di quelle proiezioni che evocavano paesaggi ostili, nature fantastiche e ambienti paradisiaci. Il centro iconografico di questi scenari ricomposti dai frammenti della sua memoria era la ripetuta presenza di un *ampolla* che, di tanto in tanto, gli compariva davanti agli occhi come elemento centrale di composizioni sempre diverse: tra le mani di divinità volanti che lasciavano scivolare il fiotto dall'alto (come sul primo registro della fronte nella faccia anteriore della *Stele di Ur-nammu* a Philadelphia fine XXII CBS 16676); stretta in quelle di antichi sovrani che la portavano al petto nel segno di una pia devozione (come il *Gudea in steatite con l'ampolla* del al Louvre AO.22126); su quelle di uomini-toro inginocchiati davanti al sommo Ea seduto in trono (come nell'*impronta di sigillo di Kanesh II 1920-1840* ad Ankara) o in quelle di quadrifronti esseri mitici (come quel bronzetto della *dea assisa da Ishtschali* XIX a Chicago OIC A. 7120).

Quando il suo occhio si allontanava dalla visione dell'ampolla, ecco che subito il nostro giardiniere ricomponeva, nel suo fittissimo immaginario, quelli che noi definiamo, oggi, apparati iconologici e che, forse, potremmo meglio intendere come *figurae*: così ripercorreva il motivo delle dee stanti frontali affiancate e unite grazie al gioco compositivo offerto dalla fuoriuscita spontanea a cascata dei rivoli (come nel *frammento di gruppo in pietra scistosa* al Louvre del XIX-XVIII); quello delle dee erette nella loro espressiva solennità che quasi mostravano l'ampolla (come *la Dea delle Acque*

Zampillanti del XVIII al Museo di Aleppo M. 1100); quello di dee ausiliarie, di norma più piccole, poste come a garanzia della fecondità naturale cui, invece, presiedevano gli dei maggiori, frontali, più grandi (come nel *Rilievo cultuale in calcare dalla Fontana del Tempio di Assur ad Assur* XV-XIV dove ai lati del dio Assur, che fa brucare due capridi eretti, vi sono due dee minori che tengono ampolle con le acque zampillanti); quelli chiastici assiri, babilonesi ed elamiti dove i rivoli scendevano dai quattro angoli segnati da vasetti e convergevano al centro fisico di figure stanti o inginocchiate centrali (figura molto diffusa in età medio - elamita come nella *Stele di Untash-Napirisha* al Louvre del XIV e in età medio - assira come nel *fregio ad intarsi dal Palazzo Nuovo di Tukulti-Ninurta ad Assur* a Berlino della metà del XIII). Ma questa "distrazione iconologica" non riusciva ad incasellare la *ratio* di quel mondo incontenibile e fantastico che gli respirava continuamente affianco e, quando la percezione abbandonava queste *figurae*, ecco che il suo desiderio tornava al ricordo di immagini quasi impossibili, del tutto fantastiche eppure assolutamente e inevitabilmente connesse al Giardino e all'Anima del suo re; così rimirava le scene di eroi inginocchiati e incorporati nelle lunghe vesti di una divinità bifronte che alimentava, in paesaggi fioriti fantastici, alati grifoni (come nella celebre e assai diffusa *impronta di Sigillo di Nazi-Marutash* da Nippur del XIII al museo di Istanbul) e gli di dei barbuti, abbigliati quasi fossero picchi delle montagne, che accoglievano nella loro ampolla al petto i quattro fiotti posti da altrettante ampolle nei vertici del precedente quadrato ideale (come nel medesimo *fregio ad intarsi eburnei dal Palazzo Nuovo di Tukulti-Ninurta* ad Assur datato alla metà del XIII a Berlino).

6. NU.GIRI$_{12}$ E LE SUE MEMORIE DEI *GIARDINI UNIVERSALI*.

Purtroppo lamentava che in Assiria non era stato, si era salvato dalle deportazioni assire[65], ma circolavano informazioni sia riguardo le gesta idrauliche dei più remoti e gloriosi sovrani del Nord (come la deviazione dal Tigri del «Canale della Giustizia», opera realizzata da *Tukulti-Ninurta I [1244-1208]* in occasione della fondazione della sua Nuova Capitale davanti ad Assur), che le loro imprese botaniche di riflorizzazione, come quella, leggendaria, di *Tiglat Pileser I [1114-1067 a.C.]* che avrebbe impiantato nella madrepatria cedri, querce ed alberi da frutto sottratti ai territori conquistati[66]. Molti dei suoi amici, reduci che avevano lavorato nel Nord tra la fine del regno di Assurbanipal (668-627) e il 612 a.C., data della distruzione di Ninive ad opera di Nabupolassar, padre di Nabucodonosor II e di Ciassarre II re dei Medi, ricordavano quanto era noto riguardo la costruzione dei *Giardini Universali* del «nemico», come quello allestito all'epoca di *Aššur-n sir-apli II* (883-859 a.C.) che – forse in seguito all'apertura del celebre «canale dell'abbondanza» (*Patti-Khegalli*) dallo Zab superiore[67] – aveva circondato, per 25 km², la cittadella di Nimrud (Kalkhu) impiantando 41 tipi diversi di piante e aveva poi animato quel parco riempiendolo con ogni genere di animale selvatico[68].

Quelli che avevano lavorato a Nimrud, inoltre, ancora riferivano dello scenario, divenuto mitico, del giorno dell'inaugurazione del celeberrimo Palazzo NW, quando si diceva che, tra l'immensa folla (all'inaugurazione parteciparono 69.500 persone di cui 47070 sarebbero stati stranieri) di dignitari radunati si poteva scorgere uno strano scintillio sulla testa di Yabaya, forse la prima sposa di Aššur-n sir-apli II[69] e chi era sotto, forse dinanzi la *Stele del Banchetto* (eretta

per l'inaugurazione e poi trasportata nella stupefacente Sala del Trono B) o davanti al baldacchino stesso del re, lo aveva descritto come l'emissione di luce da una corona di fiori e aperti e boccioli incastonati con pietre e gemme preziose, quasi intrappolati da una granulazione finissima a simulare un giardino fiorito che era sormontato da geni alati in posizione stante, ripetuti su tutta la circonferenza del diadema. Altri, invece, i cui padri erano stati chiamati nelle corti dell'*Ekal Masharti*, il palazzo della raccolta, palazzo d'armi di *Salmanassar III (858-824 a.C.)* avrebbero potuto quasi disegnargli il meraviglioso pannello smaltato con mattoni invetriati in forma di stele centinata che, quasi fosse un immenso arazzo della cosmogonia universale a fondamento botanico, inseriva il sovrano, in doppia figura sotto il simbolo del dio Assur[70]. Questo inserto, adattato dietro la Sala del Trono T1, era sormontato da un rifinitissimo *albero della vita* affiancato da due tori speculari e rampanti all'interno di ben cinque fasce decorate con distinti motivi floreali, ognuno ripetuto in forma modulare e nel rispetto di un ardito ordine di simmetria visiva. Ed era, infatti, proprio quell'intima associazione tra natura fantastico/rigogliosa e regalità iconica il codice, potremmo dire, di trasmissione del controllo regale sulla natura; una sintesi divenuta nel linguaggio figurativo neoassiro simbolo (e un simbolo che, verosimilmente, rievocava – sul piano iconografico e iconologico – addirittura il segno, geroglifico, dell'unificazione dell'alto e del basso Egitto sotto la XII dinastia[71]). La trasmissione dei significati invetriati nell'arazzo di Salamanassar III al piano mnemonico - immaginifico di NU.GIRI$_{12}$ era certo passata attraverso composizioni sceniche spaziali come quella del Giardino interno al *Bit-Akitu* (del quale non v'è traccia ma replica assira come è stato ricordato), in quello dell'*Esaghil* di Marduk (che non è stato documentato, ma v'è posto archeologico per inserirlo), nella Sala del Trono del Palazzo Meridionale (dove la decorazione del prospetto si avvale certamente di astratte allusioni figurative di giardini o corti decorate come foreste fitte di alti tronchi). Questo ritmo della comunicazione percettiva e simbolica fissata in vere e proprie icone (nel senso di *Eikòn*) della regalità, che potevano essere osservate e replicate in forma bidimensionale, era tuttavia interrotto, nell'immaginazione di NU.GIRI₁₂, da vere e proprie immersioni che amava fare quasi in apnea all'interno della spazialità tridimensionale dei Parchi *extra-* e *intra- muros*, ovvero in quelli presenti e ricordati nelle innumerevoli fonti che li celebravano. Così, ad esempio, era rimasto ammirato dal tentativo dell'impresa, fulminea e iperbolica, di *Sargon II (721-704 a.C.)* che volle cingere – sotto ispirazione di Nabu e con il consenso all'esproprio dei terreni di Shamash (dio della Giustizia) – la sua nuova capitale che aveva un perimetro di 7.460 m, Dur-Šarrukin, con migliaia di piante aromatiche e alberi da frutta provenienti dal paese di Hatti per ricreare il paesaggio dell'Amano[72] arricchendolo poi con altre specie provenienti dal medio corso dell'Eufrate e dal Khabour[73]. Paesaggio questo che non solo era stato replicato nei rilievi del suo Palazzo come l'ambiente, scolpito in grafia minuta, delle sue corse su carri da guerra e delle sue cavalcate eroiche[74], ma che era anche quasi fossilizzato nei suoi settori interni poiché, stando sempre alle fonti, dopo aver ammirato un portico di quattro altissime colonne di cedro sostenute da otto leoni in bronzo si accedeva alle *mirabilia* dei suoi settori: di avorio, di acero, di bosso, di gelso, di cedro, di cipresso, di ginepro, di tiglio, di pistacchio[75].

E certo, non molto diverso doveva essere l'altro enorme parco che, per la giostra delle sue passeggiate, *Sennacherib (704-681)* il distruttore aveva progettato intorno a Ninive[76], impiantando orti e foreste artificiali[77], dopo aver deviato il torrente *Telibtu* e scavato il corso di un nuovo fiume, il Kushur, che, divenuto un affluente del Tigri, avrebbe attraversato la città dalla Porta del Molo (ad Ovest) alla Porta di Kar Mullissi (ad Est), lambito in tutto il settore sud-orientale Quyunjik e certo agevolato sia l'irrigazione delle aree interne alle mura che di quelle esterne. Durante queste immersioni tridimensionale, NU.GIRI₁₂ sembrava quasi passeggiare all'interno di questi larghi e immensi spazi ma, cosa che poteva accadergli solo in questo genere di immersioni, all'improvviso si ritrovava negli ambienti più intimi e più privati di quei grandi sovrani. Era nel bel mezzo di un'amena passeggiata extra-urbana, quando si era trovato improvvisamente davanti alla lastra della *Scena del Banchetto nel Palazzo Nord di Assurbanipal a Ninive*. Mentre godeva di quella sublime e armoniosa scena dove il sovrano verosimilmente libava disteso su una sorta di triclinio insieme alla sua Regina, seduta davanti in trono, sotto un pergolato di due tralci di vite che si diramava attorcigliato dai fusti di due conifere poste ai lati, ecco che all'angolo di sinistra, appesa ai rami di un'altra pianta del meraviglioso giardino scorse la testa, appesa, di un uomo. Quell'incredibile varietà botanica, della quale esistono ampie rassegne iconografiche[78], serviva dunque da scena o cornice per ambiziosi progetti estetici nei quali si sperimentava proprio l'effetto persuasivo di rappresentazioni solo apparentemente idillico-naturalistiche, perché erano invece interrotte dalla comparsa di minuscoli dettagli che accendevano nell'osservatore il

dramma di eventi storici realmente accaduti (nel caso specifico la campagna contro gli elamiti sul fiume Ulai, quando a Til Tuba vennero e seviziati e uccisi e Tammaritu e suo padre Teumman, la cui testa era infatti proprio appesa tramite un anello all'albero del celebre ortostato della Sala S del Palazzo Nord di Quyunjiq (BM 124.920) datato, inequivocabilmente, al periodo di *Assurbanipal 668-631 a.C.*[79]).

L'estatica contemplazione, frantumata dalla visione di quei dettagli non si concludeva però con una riemersione di NU.GIRI₁₂.

La sua apnea continuava quanto più in profondità e, subito, gli si riproponevano altre immagini dinanzi agli occhi quasi queste dovessero rifinire il suo godimento delle allegorie simbolico - naturalistiche (ed è favoloso e immaginario l'intreccio di gigli aperti incastonati con pietre preziose secondo la tecnica della *cloisonné* che vide poi come sfondo del rilievo minuto della leonessa che sbrana un etiope, nella placca, frammentaria proveniente da Nimrud che è «uno dei più grandi capolavori della manifattura in avorio dell'Asia occidentale antica»[80]) e al contempo convincerlo sempre più dell'esperienza gloriosa della regalità nel suo dominio incontrastato, ma rispettoso, della natura selvaggia (questo d'altronde gli era suggerito dalla visione delle celebri scene di caccia tra il re e il leone – l'unico, tra gli umani, abilitato a sconfiggere il re degli animali – scene che erano colte sia nei loro momenti più drammatici, che esibite e celebrate in parchi fantastici e rigogliosi[81]).

7. NU.GIRI₁₂ E LE PIANTE DEI SUOI *PARCHI ARTIFICIALI*.

A queste visioni indirette di eventi quasi "filmati", il giardiniere infine aggiungeva però anche un vero e proprio studio della corretta esposizione delle piante nei Parchi di Babilonia. Sì perché, aldilà di quello che percepiva nelle sue immersioni, i giardini, sia quelli pensili del Palazzo Meridionale che quelli dell'Esaghil, del Bit Akitu e del recinto dell'Etemenanki dovevano lasciar osservare la vegetazione in un certo modo, secondo una data posa e il godimento della flora non doveva risultare sfacciatamente artefatto; questa avrebbe dovuto certo mimetizzare più spoglie decorazioni architettoniche, ma, al contempo, anche disegnare intrighi labirintici di meandri e passeggiate, incontrare, insomma, sia il desiderio intimo di distrazione che la sofisticata allusione simbolica. Non era una cosa tanto semplice. Ma proprio da questa mediazione i Giardini di Babilonia divenivano Parchi Artificiali. Poi, come sarebbe accaduto certamente nell'*Ala T di Fort Salmanassar a Nimrud* (costruita da Salmanassar III, 858-824 a.C.), nell'analogo sistema replicato sulla terrazza occidentale del *Palazzo F di Dur Sharrukin a Khorsabad* e, forse, in alcuni settori non esplorati del *Palazzo inimitabile di Sennacherib a Ninive* anche Nabucodonosor II dai limiti occidentali del suo *Palazzo Meridionale* o da quelli meridionali del suo *Palazzo d'Estate* avrebbe potuto sporgersi per ammirare la corretta disposizione delle piante (ragionevolmente palme) poste dinanzi alla Porta di Ishtar, il Parco Artificiale del recinto nel quale era collocata la Ziqqurat, il probabile boschetto extraurbano collocato ad Ovest della città, verosimilmente in prossimità dell'Eufrate, comunque fuori dalla poderosa cinta muraria.

NU.GIRI$_{12}$, comunque, doveva in primo luogo dedicarsi alle piante e agli alberi. Nei boschetti extraurbani, dove vi erano certamente alberi d'alto fusto, conifere, cedri e forse querce importate dalle montagne di Nord-Est (come il *Q. aegilops* riconosciuto da Winter nella celebre Stele di Naram-Sin), l'attenzione maggiore doveva essere riservata alla Palma da Dattero (in sumerico *gishimmar*, in accadico *gishimmaru*), pianta delicata, impiegata in alcuni rituali di purificazione[82], ma resistente ai terreni fortemente alcalini e fortemente nutritiva[83] che certo era il simbolo della città cosmopolita in cui viveva. Era coltivata ovunque, anche all'interno della città. Nei giardini interni, sui parapetti e collocati in vaso vi erano invece fiori di ogni genere tra cui, frequenti, quelli aperti con i petali larghi delle raffigurazioni, oppure rosette, ma certamente la *saponaria officinalis*, che apparteneva al dominio del saggio Enki/Ea e che liberava dal male l'infermo. Allo stesso modo i gradevoli cespugli spontanei, come quelli di tamarisco delle zone temperate e subtropicali (forse la *tamorix gallica* ancora presente nella regione di Bassora) erano curati e sostenuti perché impiegati in riti magici come quelli pertinenti alla consacrazione delle statue (il *Mis pî* accadico: cfr. LIVINGSTONE 1986, p. 6), ma forse anche piantati poiché le loro fumigazioni diffondevano un profumo balsamico che il medico mesopotamico prescriveva nel trattamento dei mal di testa e dello stato di debilitazione[84]. I melograni e i sicomori erano coltivati all'esterno, ma in alcuni casi andavano trattati insieme alle conifere e soprattutto con la vite poiché – come NU.GIRI$_{12}$ ben sapeva – era un'arte antica del giardinaggio quella di innalzare e mantenere i fitti pergolati con i fusti e gli intrecci che si sarebbero lasciati pendere o rampicare in giri multiformi di sporgenze. In casi particolari, Nabucodonosor II, appassionato di vegetazioni artificiali, composte e simboliche, tanto da farne invetriare sul prospetto della Sala del Trono del Palazzo Meridionale, chiedeva spesso che fosse allestito un qualche luogo fantastico con piante mai viste, e NU.GIRI$_{12}$ si prodigava nella realizzazione di strani innesti che poi formavano parchi assurdi, con piante mai viste nelle quali – forse predominava un elemento sugli altri: la pianta simbolo di un dato dio, la pianta della vita, la pianta dell'abbondanza, il capitello protoeolico. Insieme a questo paesaggio, che costantemente gli si presentava innanzi, il giardiniere doveva mantenere il controllo assoluto dei livelli di drenaggio posti sopra un terrazzamento di due metri di terreno sostenuto dalle volte. Per questo non solo sarebbe stato necessario mantenere la diversa permeabilità dei terreni, ma anche gestire accuratamente l'annaffiatura modulando e incanalando i fiotti che salivano dal basso verso l'alto secondo un possibile, ingegnoso ma non confermato da fonti coeve, *sistema di ingranaggi* azionati da cavi, catene e carrucole di bronzo[85], o da *ruote idrauliche* alimentate con la trazione animale[86] o, infine, da coclee lignee all'interno di tubature impermeabilizzate, meccanismo poi conosciuto come "vite di Archimede" e già in uso verosimilmente al tempo di Sennacherib[87] e conduceva acqua ai giardini del suo Palazzo di Ninive, il *Palazzo Senza Rivali*[88]. Nel 689 a.C. Sennacherib aveva saccheggiato e distrutto Babilonia, ma il nostro giardiniere ricordava quanto poi il successore Asarhaddon si fosse impegnato da subito a ricostruirla integralmente e non dovremmo escludere che nella "Nuova Babilonia", liberata dal disordine imperante che vi regnava e dal dramma ambientale che nella propaganda assira era stato scatenato dalla deviazione di Marduk del canale Arakhtu, «fiume in piena, corrente impetuosa, riproduzione del diluvio»[89], prima dell'ascesa di Nabucodonosor II, fossero state introdotte, emulate o replicate anche tecniche di ingegneria idraulica che in Assiria erano ben note, venivano celebrate e – soprattutto – divenivano gloriose imprese da ricordare, come – tra l'altro – mostra l'ortostato del periodo di Assurbanipal dalla Sala H del Palazzo N di Quyunjiq [BM 124.939] che si ritiene possa rappresentare proprio i *Giardini del Palazzo Inimitabile di Sennacherib*[90] serviti dall'acqua che vi entrava attraverso l'acquedotto che il sovrano fece edificare a Jerwan, pochi Km a Nord-Est di Ninive; l'acquedotto era lungo 330 m, largo 22 m, costruito con grandi blocchi di calcare decorati a lesene e dotato di cinque passaggi voltati[91]. Altri tecnici collaboravano a questa impresa, tanto più che le continue oscillazioni della portata del fiume, se è corretta l'ipotesi di considerare questo come il serbatoio idraulico dei Giardini Pensili, avrebbe messo in serie difficoltà il giardiniere durante i periodi di aridità ed attivato, contestualmente, un poderoso apparato di convogliamento e immagazzinamento idrico necessario ad interventi di "rianimazione vegetale". Inoltre, ma questo forse non era un suo compito specifico, doveva sorvegliare la corretta impermeabilizzazione di quel deposito che era costituito da una membrana di mattoni trattati con il bitume interposta tra il terriccio fertilizzato e la testa delle volte: questo genere di opere idrauliche, che vengono pianificate nel sud della Mesopotamia sin dal periodo di Uruk e Jemdet Nasr, divengono nel III millennio vere e proprie fabbriche architettoniche[92].

8. SECONDO INTERMEZZO POST-DILUVIANO. INTRODUZIONI ARCHEOLOGICHE AI PRIMI. IL PRIMO GIOCO ACQUATICO E IL PRIMO GIARDINO: IL DILUVIO E L'EDEN.

Iniziando dall'ultimo tema che chiude il *nostro* contributo vi parlerò, dunque, del primo "gioco d'acqua" della protostoria mesopotamica, archeologicamente intendo.

È nel 1914 che il sumerologo germano-americano Arno Poebel pubblica, nel primo numero della sua opera sui testi storici e grammaticali, una tavoletta Paleobabilonese di provenienza incerta appartenente alla collezione della *University of Pennsylvania Expedition* nella città santa di Nippur e il frammento bilingue di un'altra rinvenuta nella celebre biblioteca di Ninive che, insieme, si configurano come l'ultima versione sumerica di quella nota come *Creation and Flood History*, prototipo letterario dell'epica *Atram-Hasîs* e del celebre passo della *Genesi*[93]. «Per 7 giorni e per 7 notti» il Diluvio si abbatté come un cataclisma sulla terra nella qualità di una scelta divina per punire l'uomo che avrebbe indotto la scomparsa della regalità urbana nelle città di Eridu, Bad-Tibira, Larak, Sippar e Shuruppak. Questi documenti esercitarono un impatto inimmaginabile sull'Archeologia Biblica e Sir Leonard Woolley, l'esploratore di Ur, sostenne e documentò l'esistenza di questo evento[94] colorandolo con quello che oggi definiremmo un *concordisme* quantomeno astratto tra un fenomeno evidentemente locale, contestuale, e la sua dovuta generalizzazione universale[95]. Questa universalizzazione del fenomeno naturale venne infranta prima sul piano filologico-letterario – solo molti anni dopo – grazie all'analisi semantico-letteraria e comparata della *Genesi Biblica* e della *Genesi di Eridu* (un insieme di testi rinvenuti insieme e nel medesimo ordine) che esibivano, formalmente, sintatticamente e stilisticamente forti analogie, ma anche due distinte concezioni della vita che Jacobsen colse, valutandole, come mai complementari, ottimistica la seconda e pessimistica la prima[96]; poi su quello storico-economico, invece, dalla separazione childiana delle categorie analitiche della storia sociale ed economica da quelle storicistiche della teologia[97] e, in

ultimo, su quello estetico-simbolico, con la declinazione dei concetti "splengeriani" di nascita e civiltà che Frankfort deviò all'interno stesso dei paesaggi estetici, multidimensionali e polisemici del Vicino Oriente ricordando, ad esempio, come in quelli … il *dio morisse*[98]. In ogni caso, nelle immagini – preziosissime foto d'epoca in bianco e nero – che illustrano lo scavo dei livelli stratigrafici ascritti al Diluvio, può essere veramente colta l'epica di quell'impresa pionieristica di ispirazione biblica, lievemente resistente nei mattini dell'impostazione "storica" a fondamento scientifico nella scansione temporale e cronostorica dell'Archeologia e della Storia dell'arte del Vicino Oriente antico[99]; queste si offrono naturalmente ad introdurre i *giochi d'acqua* nella Babilonia meridionale, in prima istanza poiché riflettono quell'associazione meccanica, automatica e sistemica del rapporto di verità assoluta tra fede e storia che condiziona ancora alcune "visioni" (non sogni) paranoiche (e ben istruite) degli ambienti più oltranzisti e reazionari dell'*Archeologia biblica*, poi perché introduce il tema, desueto, della "manipolazione dell'aggettivo" nella tradizione dell'archeologia Vicino orientale contemporanea.

9. NOTIZIE *CRITICHE* DALL'EDEN: EA DENUNCIA LA SCOMPARSA DELL'ACQUA E … DELL'IMMAGINAZIONE.

È infatti assolutamente indiscutibile la ricorrenza di fenomeni naturali catastrofici che modificarono il paesaggio mesopotamico sin dalla protostoria più riconoscibile archeologicamente, ma è stata, piuttosto, la loro presunta "universalità" a divenire, ricorrentemente, il fine delle ricerche, anche sistematiche, anziché – come forse dovrebbe essere – il solo abbaglio di una percezione, interna e antica, connessa ad un *habitus* teso verso la dimensione escatologica, premonitrice, razionale della realtà. Non solo, infatti, nella Babilonia erano conosciute e recitate formule iniziatiche e magiche che tendevano ad evitare o a prevedere il disastro immanente, ma ogni attività connessa alla gestione dell'acqua era, in primo luogo, un'attività collettiva, scelta dalla comunità o da chi presumeva di rappresentarla per reagire al dramma causato dagli eventi climatici più comuni del ciclo eco-logico (ovvero, della sua potenziale assenza): la desertificazione, l'inaridimento, la salinizzazione, l'impaludamento, l'esondazione. Da questa preveggenza (o da questa previdenza), così troppo umana da dover essere intesa, quasi esclusivamente, dal Sovrano o dalla regalità tendente al divino, muoveva però l'amministrazione dei canali, la costruzione degli argini, la cura e la pulizia dei loro letti, la manutenzione di ogni minima opera idraulica. D'altronde l'uomo era argilla animata, solo moto dopo divenuta polvere, che non avrebbe avuto luogo se non con la continua opera sulla terra. In questo mondo annunciato e maledetto, immerso nell'auspicio di un'assoluta continuità tra la vita e la morte, tra il mondo dei vivi e quello dei morti, il Giardino mesopotamico si poneva come una sorta di centro meta-storico, era reale quanto fittizio, finito e teorico. Per questo, ci si augurerebbe di trovarne tanti e intatti, ma è questo il vero sogno meta-*fisico* della ricerca archeologica, ineludibile. Se i giardini di Babilonia non esistono, se quelli che esistono dovrebbero essere collocati a Ninive, se quelli che pur sono riconoscibili a Ninive li troviamo incisi anziché progettati … all'archeologia cosa resta se non continuare quella favolosa esplorazione del sogno che è dentro la nostra cultura, vive nella nostra contemporaneità? La

domanda, espressa al lettore da un archeologo, potrebbe apparirgli retorica, o vuota, senza alcun senso. Ma non lo è perché l'immagine dei Giardini Pensili è proprio simile a quella che vive nella *Sua* memoria (mentre la legge, la confonde e la rifrange), o meglio, quasi sempre simile a quella perché altrimenti non potremmo comunicare attraverso questo ed altri saggi e, inoltre … Ea, il saggio che vive nell'Oceano Primordiale, nell'Apsû, si rammaricherebbe di questa incomprensione, di questa asimmetria, potrebbe seppellirci con il suo flutto per salvare solo qualcuno, l'*Utanapishtim*, il redivivo e poi, lascerebbe che solo Questi continui la Storia, che la racconti in *bello stile* agli altri uomini salvati, già appagati da questo … ma Ea, il saggio, è troppo saggio – conosce bene il desiderio intimo dell'uomo, lo ha nel cuore anche se loro (gli uomini) quasi lo dimenticano nella selva disperata del neopaganesimo post-moderno, o della *surmodernité* (come direbbe Augé); allora, quando è afflitto da questa distrazione tutta umana, proprio in quel momento, offre il meglio di sé *violento*: mentre nessuno sembra notarlo, risale dall'Oceano Primordiale spruzzando fiotti che arrivano minacciosi sulla terra, arretra improvvisamente lasciando secche e sterili le piane alluvionali, inverte il ciclo delle stagioni, accelera la produzione degli alberi da frutto, inventa nuove specie di fiori e permette all'uomo di sceglierne la genesi. Prima, prima che crescesse quella distrazione umana, ovvero prima del crollo degli dei in quell'iperuranio che è la testa dell'uomo, la sua parola – come quella degli altri dei – scivolava in ogni anima[100], tutti l'avrebbero ascoltata e per tutti sarebbe stata una parola piacevole, una parola di accordo tra umano e divino, per un equilibrio civile, perituro, da conservare e diffonde-

re. Dalla Mesopotamia, la Sua terra poggiata come una zattera sull'acqua della vita, credeva che l'uomo potesse continuare a cullarlo come in un'ecogla senza-tempo, veramente universale; ma, osservandolo oggi dalla ferita – sempre più aperta – della nostra umanità è, ormai, con una forte preoccupazione che assistiamo alla perdita della sua pelle, giardini e paradisi artificiali non fioriscono quasi più nell'Iraq moderno, le sue vene, le braccia che si aprivano verso il cielo, il Tigri e l'Eufrate inaridiscono, ogni sua riserva è strappata dalla terra e gelosamente divisa. Ea, il saggio, è ora deluso, ha capito che deve uscire dall'immaginazione umana, nessuno quasi lo ascolta più, il suo *iperuranio* sta cedendo, l'Acqua è divenuta una proprietà, la proprietà è difesa più della natura e la sua dolce cantilena è solo una nenia soffocata nelle bottiglie appese di bacheche, in bella mostra, di mercati super, o *sovra*-umani. Ea, il saggio, comincia lentamente a ritirarsi, è stanco, affaticato, le sue palme non danno quasi più alcun frutto, la sua vigna non offre ombra sufficiente, l'immaginazione dell'uomo, meravigliosa creatura, un vicolo sempre più cieco … intorno …, beh, intorno, quel tintinnio assordante del Diluvio romano è quasi terminato ed io devo lasciare l'impegno saggistico di questo sogno per congedarvi nella speranza di non avervi troppo annoiato e con l'invito a non rinunciare alla ricerca dell'*Eden*. Non tutto è perduto e, se solo per un attimo vi fissaste a immaginarlo, Lì, un giorno, tra i molti, forse, scorgerete anche voi Ea e suo figlio NU.GIRI[12]. Non vi stupite se entrambi «siedono pesanti». Il loro trono come il loro giudizio e le loro memorie sono solo interposti tra un sogno (botanico) e una finzione (archeologica).

*marco.ramazzotti@uniroma1.it

Note

[1] Finkel 1988.

[2] Matthiae 1996, pp. 141-147.

[3] In accadico *nukaribbu*. Vedi: von Soden 1994, p. 103.

[4] Il termine *Šumeru*, che non può essere derivato da nessun vocabolo sumerico conosciuto né da alcun toponimo babilonese, è attestato per la prima volta come appellativo *Sum-ar-rùm*^{ki} insieme a SUBUR^{ki} e DILMUN^{ki} nei testi letterari di Ebla ARET 5,7, xii. Cfr. Steinkeller 1993, p. 112, nota 8.

[5] Bahrani 1998, p. 195 e ss.

[6] Documentati certamente nel III e nel II mill. a.C. Cfr. Wiseman 1983, pp. 135-144; Wiseman 1984, pp. 37-43; Glassner 1991, pp. 9-17.

[7] I cosiddetti Giardini Pensili di Babilonia vennero identificati prima nell'angolo nord-orientale del Palazzo Meridionale di Nabucodonosor II da Koldeway, poi sopra il suo limite occidentale da Wiseman, ancora in un settore indipendente poco distaccato, ma non precisato da Stevenson, in prossimità della Corte dell'Annesso ai limiti Ovest del Palazzo da Matthiae e, in ultimo, spostati nella città assira di Ninive, nel Nord della Mesopotamia da Dalley.

[8] Nel celebre passo delle *Storie*, Libro I, vv. 181-182.

[9] Che narra, nella *Cyropaedia*, solo la conquista della città da parte di Ciro II il Grande avvenuta nel 539 a.C.

[10] Che colloca Ninive sull'Eufrate anziché sul Tigri (*Storia* II. 1-6) e ascrive la costruzione dei Giardini (*Storia* II. 8.4) alla leggendaria prima moglie di Shamshi-Adad V (823-811 a.C.), la *Shammuramat* assira che i greci chiamarono Semiramide e che, in Armenia, nell' VIII d.C. era ricordata nelle leggende della tradizione locale come sposa dell'eroe Ara.

[11] L'opera stupefacente di Nabucodonosor destinata a ricreare un *habitat* naturale alla Sua sposa proveniente dalla Media.

[12] Stronach 1990, pp. 171-180.

[13] Dalley 1994, pp. 45-49.

[14] Sulla quale ancora non v'è convergenza tra la descrizione erodotea che ne offre il Libro I delle Storie e il testo "analitico" d'età seleucide redatto da Anubelshunu che ne precisa addirittura le dimensioni e quella che, nella realtà archeologica, è l'*Etemenanki* «Casa, piattaforma di fondazione del cielo e della terra» individuata, a terra, nel solo imponente nucleo spogliato da Alessandro e fortemente discusso. Cfr. Matthiae 1996, p. 155.

[15] Di cui, per l'archeologia orientale, discute Assman 1997, p. 96.

[16] Alex 1983, 1984.

[17] Cfr. van Zeist – Bottema 1999, p. 37, fig. 1.

[18] Secondo la colorita espressione riconoscibile alla linea 56 della cosiddetta *Teodicea* Babilonese. Cfr. Landsberger 1936, pp. 32-76.

[19] Civil 1999, p. 259.

[20] I cosiddetti *lugal* di *Ki-engi* e *Ki-uri*. Cfr. Wilcke 2003, p. 149.

[21] Da sempre "cacciatori e giardinieri" secondo Fauth 1979, pp. 1-53 e Stähler 1997, pp. 114-248.

[22] Conosciuto anche come «Il Giardiniere». Cfr. Groneberg 1999, p. 184.

[23] Haas 1999, p. 159.

[24] Come il seguito della cosiddetta *World List C*, le cui ultime 10 linee sono analoghe a quelle di un'importantissima composizione conosciuta come *Plant*, la quale contiene molti nomi di specie vegetali e venne ripetutamente copiata negli esemplari rinvenuti a Fara nell'Iraq meridionale e ad Ebla nella Siria nord-occidentale. Cfr. Veldhuis 2006, p. 182, p. 197.

[25] È necessario sottolineare che il trattato UR$_5$-RA *hubullum*, elaborato con una funzione mnemotecnica e didattica, era – ad esempio – una vera enciclopedia lessicale cuneiforme bilingue, sumerico e accadico, nella quale erano registrate ben 450 piante medicinali e 120 sostanze minerali). Cfr. Von Soden 1965, pp. 21-133.

[26] Cfr. Haas 1999, p. 129

[27] Sallaberger 1993, p. 110, p. 303.

[28] Secondo quella tecnica stilistico - decorativa classica delle tradizioni congiunte neoassira e neobabilonese che comportava sia il disegno a smalto di complessi motivi floreali sulle superficie delle murature, come nel caso del *Palazzo Meridionale* a Babilonia (Koldeway 1914, fig. 65; Matthiae 1996, p. 140, 156, 168), sia la tecnica della costruzione di piastrelle smaltate con segmenti di motivi floreali poi assemblati, come in quello sulle pareti della Via delle Processioni, sia intere mattonelle smaltate, di forma quadrangolare che accoglievano un solo motivo floreale, generalmente, una rosetta o figure di fiori aperti con petali lanceolati, come quelle provenienti dal Tempio di Nabu a Borsippa. Cfr. Reade 1986, pl. XV a-b.

[29] Infatti, non solo quella mescolanza di specie appare come una forma decorativa dell'*E-gibar* di Ur nella descrizione che se ne offre ai vv. 41-43 del cosiddetto *Cilindro di Nabonedo*, ma Woolley stesso ipotizzò l'esistenza della presenza di *Orchard Fruits* sulla Ziqquratt di Ur. Cfr. Woolley 1938, p. 88; Woolley 1939, p. 120.

[30] Ovvero la codifica antico testamentaria del Giardino dell'Eden in *Gen.* 2:4-3:24, luogo abitato da Adamo ed Eva il cui termine ebraico *pard s* (in bab. *pard su* «parco») è di origine persiana, *parida za* «recinto». Cfr. Liverani 2003, p. 262.

[31] Sull'interpretazione dell'absu/apsû nell'*En ma Eliš*, il Poema della Creazione babilonese si intenda: Wiggerman 1992, p. 283; sull'associazione semantico - letteraria tra l'Esaghil e l'Eengurra fondante è il contributo di Matthiae 1994, pp. 7-11.

[32] Al-Khalesi 1978; Margueron 2004, p. 424, pl. 56.

[33] Biga – Ramazzotti 2007, p. 37, fig. 10.

[34] Si vedano in particolare le impronte di sigilli del periodo Uruk – Jemdet Nasr conservati al museo di Baghdad. Nei due esemplari provenienti da Ur, il n. 194: 27 x 13 e il n. 199: 27 x 13 (Cfr. Basmachi 1994, ff. 194, 199) il fregio continuo del registro inferiore presenta pesci stilizzati in modo semplice e ideografico come quelli presenti sulla veste della Dea, in quello superiore alcune sottili incisioni disegnano intrecci geometrici che, ragionevolmente, potrebbero essere considerati come allusioni alle reti da pesca.

[35] Trattasi della *Statua N* al Louvre (AO. 22126).

[36] Matthiae 2000, p. 32.

[37] Sul ruolo iconografico e simbolico che assume questo vaso, fondamentale è ancora l'opera di Van Buren 1933.

[38] Matthiae 1997, p. 30, p. 35.

[39] La distinzione tra acqua «di vita» e «di morte» assume una particolare rilevanza nel *Mito di Adapa* che, rifiutando l'offerta del padre, il saggio Ea, di bere acqua di vita fugge l'immortalità (Cfr. Liverani 1982, pp. 293-319). Sulla convergenza strutturale e semiologica tra la tradizione babilonese riferita alla «vana ricerca dell'immortalità» come espressa nelle figure mitiche di Adapa e Gilgamesh e la storia biblica di Adamo ed Eva centrale è Liverani 2003, pp. 262-264.

[40] Maul 1994, cap. II e IV.

[41] Sallaberger 1971.

[42] Come visibile in alcuni rilievi: Galter 1989, pp. 235-253; Bleibtreu 1989, pp. 219-233.

[43] Coles 1997, pp. 29-40.

[44] Sull'analogia planimetrica tra la pianta dell'Akitu di Assur e quella della Sala de Trono del Palazzo Meridionale, decorata e articolata spazialmente secondo le regole della tradizione architettonica classica neobabilonese, si veda: Matthiae 1996, p. 52.

[45] Osten-Sacken 1999, pp. 265-278.

[46] Nel mito di *Enki ordinatore del mondo*.

[47] Reade 1995, p. 235; Finkel – Reade 1996, pp. 244-268.

[48] Liverani 1996, pp. 1-49.

[49] Secondo quanto era scritto, ad esempio, nel precetti agricoli di Mari: cfr. Lafont 2000, p. 137.

[50] Così sono definiti in arabo gli acquedotti sotterranei conosciuti già dal sovrano assiro Tukulti-Ninurta I, il quale li aveva disposti per abbeverare i vigneti della sua capitale K r-Tukulti-Ninurta (Luckenbill 1926-27, p. 167), fondazione ex-nihilo posta a 3 km a NE di Assur che, infatti, era circondata e attraversata da quello che nelle coeve fonti era definito Canale di Giustizia. Cfr. Dolce 1996, p. 256.

[51] Che non sarebbero state dissimili da quelle – in vero molto complesse e ampiamente discusse sul piano filologico - lessicale – descritte da Thureau-Dangin e Laessoe (Cfr. Thureau-Dangin 1924, p. 32; Laessoe 1953, p. 24. Thureau-Dangin 1924, p. 32.

[52] Così Hammurabi stesso aveva vantato l'apertura del lungo canale per le irrigazioni che connetteva i maggiori centri santi del Sud mesopotamico. Cfr. Matthiae 2000, p. 66.

[53] Secondo quell'insieme di tecniche di irrigazione che in età neobabilonese sono pertinenti al *b t d lu* e comportano l'ascesa dell'acqua anziché la sua distribuzione a terra tramite canalizzazioni, la *b t m* . Cfr. Laessoe 1953, pp. 7-1, in particolare la nota 8 e la descrizione del *erd* riportata direttamente da Dowson 1921.

[54] Una tecnica adatta alla coltivazione delle Palme da Dattero ancora in uso in Iraq meridionale dove è definita *d lia* [*water-raiser*] che Gautier riconobbe come il metodo più diffuso per l'irrigazione, su scala famigliare, dei campi di Dilbat in età paleobabilonese e che Lassoe identifica nella traduzione del termine *mak tu* attestato nelle sei tavolette della lista lessicale HAR.*ra = hubullu*. Cfr. Dowson 1921, p. 20, nota 9; Gautier 1908, p. 29; Lassoe 1953, p. 12.

[55] Alcune rappresentazioni di questo sistema possono essere riconosciute nella glittica akkadica del periodo sargonico, ma sembra poter essere documentate anche in piena età assira. Cfr. Lassoe 1953, pp. 5-26; Margueron 2004, p. 69, fig. 28.

[56] Tradotti in Deimel – Meissner 1928, ff. 16; Butz 1983-84, p. 47. Per la traduzione e il commento analitico di ogni suo capitolo si veda: Civil 1994; riguardo l'analisi delle tecniche suggerite nel manuale integrate, precisate e discusse con il supporto, comparativo, di altre e centrali fonti: Civil 1999, p. 261.

[57] Il quartiere della città posto a Sud del Palazzo Meridionale. Cfr. Matthiae 1996, p. 150.

[58] La cui critica, ciclica e ricorrente, è sempreverde, si veda: Briant 2002.

[59] Poiché il «pensiero antico – che era un "pensiero creatore" di miti – ammetteva l'una affianco dell'altra diverse verità limitate, che erano considerate simultaneamente valide, ciascuna nel proprio contesto, ciascuna in rapporto ad un modo determinato di accostarsi al problema». Frankfort 1991, p. 4.

[60] Prevalentemente filologica, cfr. Wilcke 1987, p. 77, fig. 1.

[61] Bohemer 1965 (Sigilli nn. 232, 721); Kantor 1966, pp. 145-152.

[62] Winter 1999, pp. 63-72.

[63] Marcus 1995, p. 202.

[64] Michalowski 1986, pp. 129-156.

[65] Liverani 2003, pp. 159-202.

[66] Lackenbacher 1982, pp. 126-127; Grayson 1991, p. 27.

[67] Per il quale si era reso necessario rafforzare la sponda occidentale del Tigri con la messa in opera di 120 corsi di mattoni e scavare un profondo tunnel nella roccia, il cosiddetto tunnel *Nag b.* cfr. Matthiae 1996, pp. 35-36; Bagg 2004, pp. 355-364.

[68] Fauth 1979, p. 16; Radner 2000, p. 239; Novák 2002, p. 446.

[69] Matthiae 1996, pp. 95-98.

[70] Matthiae 1996, p. 39.

[71] Matthiae 1989, pp. 367-391,

[72] Margueron 1992, p. 71; Fuchs 1994, 66f e 304.

[73] Parpola 1995, 58 f; Radner 2000.

[74] Albenda 1986, pl. 86-90.

[75] Matthiae 1996, p. 43.

[76] Bagg 2004, p. 362, fig. 2

[77] Ora collocati anche sul territorio: Novák 2002, p. 449, fig. 6.

[78] Tra cui si veda quella di Bleibtreu 1980.

[79] Cfr. Orthmann 1975, fig. 247; Deller

1987, pp. 229-238; Matthiae 1996, p. 81.

[80] Matthiae 1997, p. 237.

[81] Così, infatti, nel celebre ciclo di ortostati da Ninive. Cfr. Hrouda 1991, p. 353.

[82] Lambert 1960.

[83] Landsberger 1967.

[84] Böck 2005, p. 45.

[85] La connessione tra questo singolare meccanismo e l'annaffiatura superiore con il *š d f* venne colta da Lassoe nelle righe 45-47 dell'iscrizione incisa sul noto Prisma Ottagonale BM 103.000.

[86] Stevenson 1992, pp. 35-56; Solonen 1968; Hallo 1996, p. 59.

[87] Cfr. Dalley – Oleson 2003, pp. 1-26.

[88] Russell 1991, fig. 4.

[89] Cfr. Liverani 2003, p. 179.

[90] Cfr. Dalley 1993, pp. 1-13; Dalley 1994, pp. 45-58, fig. 1; Reade 1998, p. 87; Matthiae 2002, pp. 549-551, figg. 6-7.

[91] Jacobsen 1935.

[92] Come nel caso del *Girsu Regulator* collocato sulla sponda orientale di un affluente dell'Eufrate lo *Id-nina-gena*, la cui struttura in mattoni cotti impermeabilizzati con bitume era addirittura fondata su reticoli di canne anch'essi trattati allo stesso modo e poggiati su uno strato di argilla compatta nella quale erano contenuti 20 coni di argilla che Gudea aveva dedicato a 9 divinità e una tavoletta di Ug-me dove compariva il termine *giš-kéš. du* (*Weirs* o *Dams*). Cfr. Steinkeller 1988, pp. 73-92; Dight 2002, pp. 115-122.

[93] Sallasberger 1971, p. 15.

[94] Woolley 1929, pp. 305-339.

[95] Woolley 1956, pp. 14-21.

[96] Jacobsen 1981, p. 529.

[97] Ramazzotti 2002, pp. 651 e ss.

[98] Frankfort 1992, pp. 3-21.

[99] Matthiae 2005, pp. 22-49.

[100] Galimberti 1999, p. 305-306.

Bibliografia

Albenda 1986 = P. Albenda, *The Palace of Sargon, King of Assyria*, Paris 1986.

Alex 1983 = M. Alex, *Vorderer Orient. Mittlere Julitemperaturen 1: 8 000 000*, Karte A IV 3. Tübinger Atlas des Vorderen Orients. Ludwig Reichert Verlag, Wiesbaden 1983.

Alex 1984 = M. Alex, *Vorderer Orient. Mittlere Julitemperaturen und Variabilität 1: 8 000 000*, Karte A IV 4. Tübinger Atlas des Vorderen Orients. Ludwig Reichert Verlag, Wiesbaden 1984.

Al-Khalesi 1978 = Y. M. Al-Khalesi, *The Court of the Palms: A Functional Interpretation of the Mari Palace*, in «Bibliotheca Mesopotamica» 1978 (8).

Assman 1997 = J. Assmann, *La memoria culturale. Scrittura, ricordo e identità politica nelle grandi civiltà antiche*, Torino 1997 (trad. it., München 1992).

Bagg = A. Bagg, *Assyrian Hydraulic Engineering. Tunnelling in Assyria and Technological Transfer*, in Biernert, H.D., Häser, J. (eds.), *Men of Dikes and Canals in Middle East*, Berlin 2004, pp. 235-264.

Bagg = A. Bagg, *Dealing with Water Rights in the Ancient Near East*, in Ohlig, C., Peleg, Y., Tsuk, T. (eds.), *Cura Aquarum in Israel. In memoriam Dr. Y'akov Eren*, Siegburg 2002, pp. 223-231.

Bagg = A. Bagg, *Irrigation in Northern Mesopotamia: Water for the Assyrian Capitals (12th– 7th centuries BC)*, Tübingen 2004.

Bagg = A. Bagg, *Technische Experten in frühen Hochkulturen: Der Alte Orient*, in Kaiser, W., König, W. (eds.), *Geschichte des Ingenieurs. Ein Beruf in sechs Jahrtausenden*, München 2006, pp. 5-31.

Bahrani 1998 = Z. Bahrani, *Conjuring Mesopotamia: Imaginative Geography and a World Past*, in L. Meskell (ed.), *Archaeology Under Fire. Nationalism, Politics and Heritage in the Eastern Mediterranean and Middle East*, London 1998, p. 165.

Basmachi 1994 = F. Basmachi, *Cylinder Seals in the Iraq Museum*, in *Edubba*, 3, 1994.

Bleibtreu 1980 = E. Bleibtreu, *Die Flora der neuassyrischen Reliefs. Untersuchungen zu den orthostaten-reliefs des 9.-7. Jh. v. Chr.*, in *Wiener Zeitschrift für die Kunde des Morgenlandes*, Sonderbände 1, 1980.

Biga 2001 = M. G. Biga, *Botanica*, in Enciclopedia della Scienza Treccani, Roma 2001, pp. 475-481.

Bleibtreu 1989 = E. Bleibtreu, *Zerstörung der Unwelt durch Baumfällen und Dezimierung des Löwenbestandes in Mesopotamien. Der orientalische Mensch und seine Beziehung zur Umwelt,* Grazer Morgenländische Studien 2, Graz 1989, pp. 219-233.

BOHEMER 1965 = R. M. BOHEMER, *Die Entwicklung der Glyptik während der Akkad-Zeit,* Berlin 1965.

BÖCK 2005 = B. BÖCK, *La plantas y el hombre en la antigua Mesopotamia,* in R. OLMOS-P. CABRERA-S. MONTERO (eds.), *Paraíso cerrado jardin abierto,* Madrid 2005, pp. 35-53.

BRIANT 2002 = P. BRIANT (ed.), *Politique et contrôle de l'eau dans le Moyen-Orient ancien,* in *Annales. Histoire, Sciences Sociales,* 57, 3, Paris 2002.

BUTZ 1983-84 = K. BUTZ, *Landwirtschaft,* in *RLA,* 6, 1983-1984.

CIVIL 1994 = M. CIVIL, *The Farmers' Instructions: a Sumerian Agricultural Manual,* Barcelona 1994.

CIVIL 1999 = M. CIVIL, *Of Reed Fences and Furrows,* in AA.VV. (eds), *Landwirtschaft im Alten Orient. Ausgewählte Vorträge der XLI. Rencontre Assyriologique Internationale,* Herausgegeben von Horst Klengel und Johannes Renger, Berlin 1999, pp. 259-264.

COLES 1997 = S. W. COLES, *The Destruction of Orchards in Assyrian Warfare,* in S. PARPOLA-R. M. WHITING (eds.), *Assyria 1995,* Helsinki 1997, pp. 29-40.

DALLEY 1993 = L. S. M. DALLEY, *Ancient Mesopotamian gardens and the identification of the Hanging Gardens of Babylon resolved,* in *Garden History Summer,* 21, 1, 1993, pp. 1-13.

DALLEY 1994 = L. S. M. DALLEY, *Nineveh, Babylon and the Hanging Gardens: cuneiform and classical sources reconciled,* in *Iraq,* 56, 1994, pp. 45-58.

DALLEY – OLESON 2003 = L. S. M. DALLEY, J. P. OLESON, *Sennacherib, Archimedes, and the Water Screw. The Context of Invention in the Ancient World,* in *Technology and Culture,* 44, 1, 2003, pp. 1-26.

DEIMEL – MEISSNER 1928 = A. DEIMEL-B.-MEISSNER, *Ackerbau, Ackerbauwirtschaft,* in *Reallexikon der Assyriologie und Vorderasiatischen Archäologie,* 1, 1928.

DELLER 1987 = K. H. DELLER, *Assurbanipal in der Gartenlaube,* in *Baghdader Mitteilungen,* 18, 1987, pp. 229-238.

DIGHT 2002 = R. J. W. DIGHT, *The Construction and Use of Canal Regulators in Ancient Sumer,* in *Aula Orientalis,* 20, 2002, pp. 115-122.

DOLCE 1996 = R. DOLCE, *The City of Kar-Tukulti-Ninurta: Cosmic Characteristics and Topographical Aspects,* in WAETZOLDT H.-HAUPTMANN H. (eds.), *Assyrien im wandel der zeiten,* Heidelberg 1996, pp. 251-258.

DOWSON 1921 = V. H. W. DOWSON, *The Cultivation of the Date Palm on the Shat Al'Arab (Dates and Date Cultivation of the Iraq, Part I. Agricultural Directorate, Ministry of Interior, Mesopotamia, Memoir III 1921).*

FAUTH 1979 = W. FAUTH, *Der Königliche Garten und Jäger im Paradeisos,* in *Persica,* 8, 1979, pp. 1-53.

FINKEL 1988 = I. FINKEL, *The Hanging Gardens of Babylon,* in P. A. CLAYTON-M. J. PRICE (eds.), *The Seven Wonders of the World,* London 1988.

FINKEL – READE 1996 = I. FINKEL-J. READE, *Assyrian Hieroglyphs,* in *Zeitschrift für Assyriologie und Vorderasiatische Archäologie,* 86, 1996, pp. 244-296.

FRANKFORT 1991 = H. FRANKFORT, *La religione dell'antico Egitto,* Torino 1991 (trad. it. New York 1975).

FRANKFORT 1992 = H. FRANKFORT, *Il dio che muore,* in P. MATTHIAE, (ed.), *Il dio che muore: mito e cultura nel mondo preclassico,* Firenze 1992, pp. 3-21.

FUCHS 1994 = A. FUCHS, *Die Inschriften Sargon II aus Khorsabad,* Göttingen 1994.

GALTER 1989 = H. D. GALTER, *Paradies und Palmentod – ökologische Aspekte im Weltbild der assyrischen König, Der orientalische Mensch und seine Beziehung zur Umwelt,* Grazer Morgenländische Studien 2, Graz 1989, pp. 235-253.

GAUTIER 1908 = J. E. GAUTIER, *Archives d'une famille de Dilbat au temps de la Première Dynastie de Babylon,* Paris 1908.

GLASSNER 1991 = J.-J. GLASSNER, *Á propos des Jardins Mésopotamiens,* in *Res Orientales,* 3, 1991, pp. 9-17.

GRAYSON 1991 = A. K. GRAYSON, *Assyrian Rulers of the Early First Millennium BC I (1114-859 BC),* in *The Royal Inscriptions of Mesopotamia, Assyrian Periods,* 2, Toronto 1991.

GRONEBERG 1999 = B. Groneberg, *"Brust"(irtum)-Gesänge,* in B. BÖCK-E. CANCIK-KIRSCHBAUM- TH. RICHTER (eds.), *Munuscula Mesopotamica. Festschrift für Johannes Renger (Alter Orient und Altes Testament 267),* Münster 1999, pp. 169-195.

HAAS 1999 = V. HAAS, *Babylonischer Liebesgarten: Erotik und Sexualität im Alten Orient,* München 1999.

HALLO 1996 = W. W. HALLO, *Origins. The Ancient Near Eastern Background of Some Modern Western Institution,* Leiden – New York – Köln 1996.

HROUDA 1991 = B. HROUDA, *Der Alte Orient,* Berlin 1991.

JACOBSEN 1935 = TH. JACOBSEN, *Sennacherib's Aqueduct at Jerwan,* in *Oriental Institute Publications,* 24, Chicago 1935.

JACOBSEN 1981 = TH. JACOBSEN, *The Eridu Genesis,* in *Journal of Biblical Literature,* 100, 1981, pp. 513-529.

KANTOR 1966 = H. J. KANTOR, *Landscape in Akkadian Art,* in *Journal of Near Eastern Studies,* 25, 1966, pp. 145-152.

KOLDEWAY 1914 = R. KOLDEWEY, *The Excavation at Babylon,* London 1914.

KOLDEWAY 1931 = R. KOLDEWEY, *Die Königburgen von Babylon 1: Die Sudburg; Die Königburgen von Babylon 2: Die Hauptburg und der Sommerpalast Nebukadnezars Im Hügel Babel,* in «Wissenschaftliche Veröffentlichungen der Deutschen Orientgesellschaft» (WVDOG) 54-55. Leipzig 1931-1932.

LACKENBACHER 1982 = S. LACKENBACHER, *Les Roi Bâtisseur (Études Assyriologique 11),* Paris 1982.

LAESSOE 1953 = J. LAESSOE, *Reflexions on Modern and Ancient Oriental Water Works,* in *Journal of Cuneiform Studies,* 7, 1953, pp. 5-26.

LAFONT 2000 = B. LAFONT, in Rainfall and agriculture in Northern Mesopotamia. R.M. Jas (ed.), Proceedings of the Third Mos Symposium, Leiden 1999, Istanbul: Nederlands Historisch-Archaeologisch Instituut, 88, 2000, pp. 129-145.

LAMBERT 1960 = W. G. LAMBERT, *Babylonian Wisdom Literature,* Oxford 1960.

LANDSBERGER 1936 = B. LANDSBERGER, *Die babylonische Theodizee,* in *Zeitschriften der Assyriologie,* 43, 1936, pp. 32-76.

LANDSBERGER 1967 = B. LANDSBERGER, *The Date Palm and Ist By-products according to the Cuneiform Sources,* Graz 1967.

LIVERANI 1982 = M. LIVERANI, *Adapa ospite degli dei,* in *Religioni e Civiltà,* Bari 1982, pp. 293-319.

LIVERANI 1996 = M. LIVERANI, *Reconstructing the Rural Landscape of the Ancient Near East,* in *Journal of the Economic and Social History of the Orient,* 39, 1996, pp. 1-49.

LIVERANI 2003 = M. LIVERANI, *Oltre la Bibbia. Storia antica di Israele,* Roma-Bari 2003.

LIVINGSTONE 1986 = A. LIVINGSTONE, *Mystical and Mythological Explanatory Works of Assyrian and Babylonian Scholars,* Oxford 1986.

LUCKENBILL 1926-27 = D. D. LUCKENBILL, *Ancient Records of Assyria and Babylonia,* Chicago 1926-27.

MARCUS 1995 = M. I. MARCUS, *Geography as Visual Ideology: Landscape, Knowledge and Power and in Neo-Assyrian Art,* in *Quaderni di Geografia Storica,* 5, 1995.

MARGUERON 1992 = J.Cl. MARGUERON, *Die garten im Vorderen Orient,* in M. CARROLL-SPILLECKE (ed.), *Der Garten von der Antike bis zum Mittelalter,* Mainz 1992, pp. 45-80.

MARGUERON 2004 = J.Cl. MARGUERON, *Mari. Métropole de l'Euphrate au IIIe et au début di II millénaire av. J.-C.,* Paris 2004.

MATTHIAE 1989 = P. MATTHIAE, *Old Ancestors of some Neo-Assyrian Figurative Symbols of Kingship,* in L. DE MEYER-E. HAERINCK (eds.), *Miscellanea in Honorem Luis Vanden Berghe,* Gent 1989, pp. 367-391.

MATTHIAE 1994 = P. MATTHIAE, *Il sovrano e l'opera. Arte e potere nella Mesopotamia antica,* Roma-Bari 1994.

MATTHIAE 1996 = P. MATTHIAE, *La Storia dell'arte dell'Oriente Antico. I grandi imperi (1000-330 a.C.),* Milano 1996.

MATTHIAE 1997 = P. MATTHIAE, *La Storia dell'arte dell'Oriente Antico. I primi imperi e i principati del Ferro (1600-700 a.C.),* Milano 1997.

MATTHIAE 1998 = P. MATTHIAE, *Ninive*, Milano 1989.

MATTHIAE 2000 = P. MATTHIAE, *La Storia dell'arte dell'Oriente Antico. Gli stati territoriali (2100-1600 a.C.)*, Milano 2000.

MATTHIAE 2002 = P. MATTHIAE, *La magnificenza sconosciuta di Ninive. Note sullo sviluppo urbano prima di Sennacherib*, in *Accademia Nazionale dei Lincei. Classe delle Scienze Morali Storiche e Filologiche, Rendiconti*, s. 9, v. 13, 2002, pp. 543-587.

MATTHIAE 2005 = P. MATTHIAE, *Prima Lezione di Archeologia Orientale*, Roma - Bari 2005.

MAUL 1994 = S. M. MAUL, *Zukunfstbewältigung: eine Untersuschung altorientalischen Denken der babylonischen-assyrischen Löserituale (Namburbi)*, in *Baghdader Forschungen*, 18, 1994.

MICHALOWSKI 1986 = P. MICHALOWSKI, *Mental Maps and Ideology: Reflections on Subartu*, in H. WEISS (ed.), *The Origin of Cities in Dry Farming Syria and Mesopotamia*, Guilford 1986, pp. 129-156.

NOVÁK 2002 = M. NOVÁK, *The Artificial Paradise: Programme and Ideology of Royal Gardens* (*Sex and Gender in the Ancient Near East*, (Proceedings of the 47th Rencontre Assyriologique Internationale. Helsinki, July 2-6, 2001 CRRAI-47/II 2001), Helsinki 2002, pp. 443-460.

ORTHMANN 1975 = W. ORTHMANN (ed.), *Der Alte Orient. (Propyläen Kunstgeschichte 14)*, Berlin 1975.

OSTEN-SACKEN 1999 = E. OSTEN-SACKEN, *Vögel beim Pflügen*, in AA.VV. (eds), *Landwirtschaft im Alten Orient. Ausgewählte Vorträge der XLI. Rencontre Assyriologique Internationale*, Herausgegeben von Horst Klengel und Johannes Renger, Berlin 1999, pp. 265-278.

PARPOLA 1995 = S. PARPOLA, *The Construction of Dur-Šarrukin in the Assyrian Royal Correspondence*, Paris 1995.

RADNER 2000 = K. RADNER, *How did the Neo-Assyrian King Perceive his Land and its Resources?*, in Rainfall and agriculture in Northern Mesopotamia. R.M. Jas (ed.), *Proceedings of the Third Mos Symposium*, Leiden 1999, Istanbul: Nederlands Historisch-Archaeologisch Instituut 88, 2000, pp. 233-249.

RAMAZZOTTI 2002 = M. RAMAZZOTTI, *La «Rivoluzione Urbana» nella Mesopotamia meridionale. Replica 'versus' Processo*, in *Accademia Nazionale dei Lincei». Classe delle Scienze Morali Storiche e Filologiche, Rendiconti*, s. 9, v. 13, 2002,, pp. 651-752.

RAMAZZOTTI – BIGA 2007 = M. RAMAZZOTTI – M. G. BIGA, *I giardini dell'Eden: mito, storia, tecnologia*, in G. Di Pasquale, F. Paolucci (eds.), Il giardino antico da Babilonia a Roma, Firenze 2007, pp. 22-44.

READE 1986 = J. READE, *Rassam's Excavations at Borsippa and Kutha*, in *Iraq*, 48, 1986, pp. 105-116.

READE 1995 = J. READE, *The Khorsabad Glazed Bricks and Their Symbolism*, in A. CAUBET (ed.), *Khorsabad, le palais de Sargon II, roi d'Assyrie*, Paris 1995.

READE 1998 = J. READE, *Assyrian Illustration of Nineveh*, «Iranica Antiqua» 1998, (33), pp. 81-94.

RUSSELL 1991 = J. M. RUSSELL, *Sennacherib's Palace without Rival at Nineveh*, Chicago 1991.

SALLBERGER 1971 = E. SALLBERGER, *The Babylonian Legend of the Flood*, London 1971.

SALLBERGER 1993 = E. SALLBERGER, *Der kultische Kalender der Ur III-Zeit*, Berlin 1993.

SOLONEN 1968 = A. SOLONEN, *Agricoltura Mesopotamica*, in *AASF*, 149, 1968.

STÄHLER 1997 = K. STÄHLER, *Der Gärtner als Herrscher*, in R. ALBERTZ (ed.), *Religion und Gesellschaft (Alter Orient und Altes Testament 109)*, Münster 1997, pp. 114-248.

STEINKELLER 1988 = P. STEINKELLER, *Notes on the Irrigation System in Third Millennium Southern Babylonia*, in *Bulletin of Sumerian Agriculture*, 4, 1988, pp. 73-92.

STEINKELLER 1993 = P. STEINKELLER, *Early Political Development in Mesopotamia and the Origins of the Sargonic Empires*, in M. LIVERANI (ed.), *Akkad, the First World Empire*, Padova 1993, pp. 107-129.

STEVENSON 1992 = D. W. W. STEVENSON, *A Proposal for the Irrigation of the Hanging Gardens of Babylon*, in *Iraq*, 54, 1992, pp. 35-56.

STRONACH 1990 = D. STRONACH, *The Garden as a Political Statement*, in *Bulletin of Asian Institute*, 4 (New Series), 1990, pp. 171-180.

THUREAU-DANGIN 1924 = F. THUREAU-DANGIN, *Lettres de Hammurapi a Samas-hasir (TCL 7)*, Paris 1924.

VAN BUREN 1933 = E. D. VAN BUREN, *The Flowing Vase and the God with the Streams*. Berlin 1033.

VELDHUIS 2006 = N. VELDHUIS, *How did They Learn Cuneiform ?*, in P. MICHALOWSKI-N. VELDHUIS (eds.), *Approaches to Sumerian Literature. Studies in Honour of Stip (H. L. J. Vanstiphout)*, Leiden 2006, pp. 145-166.

VON SODEN 1965 = W. VON SODEN, *Leistung und Grenze sumerischer und babylonischer Wissenschaft*, in B. LANDSBERGER (ed.), *Die Eigenbegrifflichkeit der babylonischen Welt*, Darmstadt 1965, pp. 21-133.

VON SODEN 1994 = W. VON SODEN, *The Ancient Orient. An Introduction to the Study of Ancient Near East*, Grand Rapids 1994.

WIGGERMAN 1992 = F. WIGGERMAN, *Mythological Foundations of Nature*, in D. J. W. MEIJER (ed.), *Natural Phenomena. Their Meaning, Depiction and Description in Ancient Near East*, Leiden 1992, pp. 279-306.

WILCKE 1987 = C. WILCKE, *A Riding Tooth: Metaphor, Metonymy and Synecdoche, Quick and Frozen in Everyday Language*, in M. MINDLING-M. J GELLER-J. E. WANSBROUGH (eds.), *Figurative Language in the Ancient Near East*, London 1987, pp. 77-102.

WILCKE 2003 = C. WILCKE, *Mesopotamia. Early Dynastic and Sargonic Periods*, in R. WESTBROOK (ed.), *A History of Ancient Near Eastern Law*, Vol. I, Leiden 2003, pp. 141-181 (p. 149).

WINTER 1999 = I. J. WINTER, *Tree(s) on the Mountain: Landscape and Territory on the Victory Stele of Naram-Sîn of Agade*, in L. MILANO ET AL. (eds)., *Landscapes: Territories, Frontiers and Horizons in the Ancient Near East*, Part I: Invited Lectures, History of the Ancient Near East/Monographs - III/1, Padova 1999, pp. 63-72.

WISEMAN 1983 = D. J. WISEMAN, *Mesopotamian Gardens*, in *Anatolian Studies*, 33, 1983, pp. 27-55.

WISEMAN 1984 = D. J. WISEMAN, *Palace and Temple Gardens in the Ancient Near East*, in H. I. H. PRINCE TAKAHITO MICASA (ed.), *Monarchies and Socio-Religious Traditions on the Ancient Near East*, Wiesbaden 1984, pp. 37-43.

WOOLLEY 1929 = L. WOOLLEY, *Excavations at Ur, 1928-9*, in *Antiquaries Journal*, 9, 1929, pp. 305-339.

WOOLLEY 1938 = L. WOOLLEY, *Ur of the Chaldees*, London 1938.

WOOLLEY 1939 = L. WOOLLEY, *The Ziggurat and its Surroundings (Ur Excavation 5, 1939)*, London 1939.

WOOLLEY 1956 = L. WOOLLEY, *Stories of the Creation and the Flood*, in *Palestine Exploration Quarterly*, 88, 1956, pp. 14-21.

L'origine degli Etruschi e due nuove ricerche genetiche

di

*Leonardo Magini**

ABSTRACT

Two new pieces of genetic research have revealed the truth about the age-old "Etruscan question". Research into Tuscan cattle conducted by the University of Piacenza, and research into the modern-day residents of Tuscany undertaken at the University of Pavia, show that both cattle and people have genetic characteristics unknown in Europe, but specific to Anatolia and the Middle East. These results correspond to the conclusions reached exclusively through an examination of cultural and linguistic properties in our article on L'origine degli etruschi: to find the origins of the Etruscans, we must look East. *(see* Automata, *2006, no. 1, pp. 9-22).*

Il primo numero di questa rivista – forse qualche lettore lo ricorderà – ha pubblicato un mio articolo intitolato *L'origine degli Etruschi e le recenti acquisizioni della scienza*[1]. Vi facevo una critica alle tesi "autoctoniste" dell'etruscologia italiana e spiegavo i motivi per cui gli Etruschi – meglio, la componente che ha portato in Italia i germi della "civiltà etrusca" – debbono aver avuto origine nel Vicino Oriente. A sostegno dell'argomentazione portavo degli elementi finora sottovalutati della cultura di quel popolo: 1) la geometria – che noi chiamiamo "pitagorica" – e i rapporti armonici celati nelle strutture templari, oltre che nella stessa costituzione di Servio Tullio; 2) i fondamenti astronomici del calendario cosiddetto "numano" e i suoi legami coi riti babilonesi; 3) il rapporto tra quattro nomi dei mesi etruschi e altrettanti nomi di mesi iranici; 4) l'interpretazione dei nomi del mito etrusco-romano attraverso il confronto con termini del lessico indoiranico – come nel caso del ratto delle Sabine.

L'introduzione di elementi nuo-vi nel dibattito, però, non elimina-va il rischio che esso restasse sempre racchiuso tra opinioni discordi e inconciliabili. Ecco perché mi pareva necessario confidare nelle nuove possibilità che la genetica sta sviluppando per una ricostruzione attendibile della preistoria e storia del genere umano. Quanto a quella minima porzione di umanità che è – perché ormai non è più possibile dire che è stata! – il popolo etrusco, sostenevo che sarebbe bastato disporre di un sufficiente quantitativo di dati genetici e avere un'idea di quali gruppi sottoporre a confronto. Da parte mia – com'è chiaro – indicavo la To-

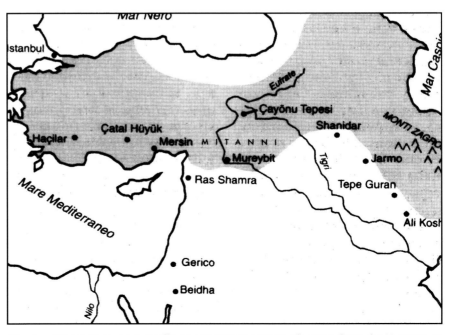

Fig. 1 – L'area in scuro è quella in cui vanno cercati gli ascendenti dei Toscani, in particolare tra le popolazioni di lingua indoiranica. Da MAGINI *2006.*

scana attuale e l'*Asia occidentale propriamente detta,*[2] con particolare attenzione per le zone abitate, oggi o nel passato, da popolazioni di lingua indoiranica; come pro-memoria rappresentavo tale area nella fig. 1. Terminavo con la previsione dell'approssimarsi del momento in cui la nuova scienza avrebbe finito per dirci la verità sull'annosa "questione etrusca".

Non è passato neanche un anno dalla pubblicazione dell'articolo e non una, ma ben due diverse ricerche collegate tra loro iniziano a raccontarci questa verità. La prima, che fa capo all'Università di Piacenza, studia il DNA mitocondriale dei bovini delle razze tipiche della Toscana – chianina, calvana, maremmana e cabannina – e lo confronta con quello di bovini allevati nell'Italia meridionale e settentrionale e in altri paesi europei e del Mediterraneo Orientale. La relazione conclusiva s'intitola *The mystery of Etruscan origins: novel clues from* Bos taurus *mitochondrial DNA,* ossia *Il mistero delle origini etrusche: nuovi indizi dal DNA mitocondriale del* Bos taurus[3]. E arriva a un risultato inequivoco: i bovini toscani presentano delle caratteristiche sconosciute in altre zone d'Italia e d'Europa ma peculiari proprio di Anatolia e Medio Oriente. Così – ad esempio – il 60% del materiale genetico dei bovini toscani può essere assegnato a bovini mediorientali, mentre il valore si avvicina a 0 per i bovini del sud e del nord-italia; al contrario, questi ultimi mostrano un forte contributo di materiale genetico da parte dei bovini europei. La fig. 2 riassume la situazione: "la Toscana si colloca più vicina all'Anatolia e al Medio Oriente che all'Italia settentrionale e meridionale; queste ultime si confondono invece con l'Europa nordoccidentale e la Gran Bretagna".

Ne segue che "due ipotesi possono spiegare la peculiare composizione genetica del DNA mitocondriale dei bovini toscani: commercio via mare o migrazione umana. Se i mercanti locali avessero importato bestiame dalle regioni del Mediterraneo Orientale, soltanto i bovini porterebbero degli evidenti contrassegni orientali a livello molecolare. Inversamente, se i nuovi arrivati dall'Oriente avessero portato con sé i propri animali domestici al momento di insediarsi in Toscana, allora anche tra i moderni abitanti di quell'area dovrebbe essere identificabile un legame genetico con le popolazioni orientali. Nuovi dati sugli uomini rivelano un contributo genetico dal Vicino Oriente alla moderna conformazione genetica della Toscana...". E qui la prima ricerca rimanda ai dati della seconda – di cui ora parleremo – concludendo: "La nostra ipotesi è che... questa gente, assieme alle proprie bestie, s'imbarcò e partì per la Toscana". D'altra parte, la lentezza del trasferimento dei bovini via terra avrebbe comportato la perdita di quella variabilità genetica che, invece, nella Toscana odierna è la medesima presente nell'area mediorientale.

La seconda ricerca fa capo all'Università di Pavia, ma è stata realizzata da una squadra internazionale, e studia il DNA di attuali abitanti della Toscana. Già il titolo della relazione parla chiaro: *Mitochondrial DNA Variation of Modern Tuscans Supports the Near Eastern Origin of Etruscans,* ovvero *La variazione del DNA mitocondriale dei moderni toscani conferma l'origine mediorientale degli etruschi*[4]. Senza entrare troppo nel dettaglio tecnico, la ricerca prende in esame i dati di 322 abitanti di tre diverse località "etrusche", Murlo, Volterra e il Casentino; e li pone a confronto con quello di altri 15.328 soggetti di 55 popolazioni di alcune regioni italiane e di diversi paesi europei e del Vicino Oriente.

Anche in questo caso si ha un primo risultato inequivocabile: i toscani moderni presentano delle peculiarità che li allontanano non solo dalle altre popolazioni europee ma anche dalle popolazioni delle limitrofe regioni italiane, e

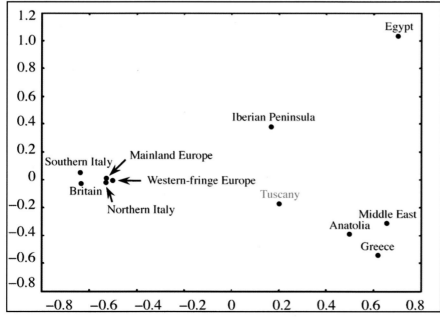

Fig. 2 – L'analisi del DNA mitocondriale del Bos taurus colloca la Toscana più vicina all'Anatolia e al Medio Oriente che all'Italia settentrionale e meridionale; queste ultime si confondono, invece, con l'Europa nordoccidentale e la Gran Bretagna. Da Ajmone Marsan *2007.*

che invece li avvicinano alle popolazioni mediorientali. In particolare – come mostra la fig. 3 – quattro aplogruppi presenti nel DNA dei toscani di oggi hanno i propri picchi di frequenza nel Vicino Oriente.

Vi è poi un secondo risultato significativo: "Il 5,3% degli allotipi osservati in Toscana – che occupano tutti le posizioni terminali dell'albero filogenetico – altrove sono presenti soltanto nelle popolazioni del Levante. Tale distribuzione suggerisce un recente e diretto legame tra la Toscana e il Vicino Oriente, un legame non mediato né da altre popolazioni europee né dagli abitanti delle regioni italiane contigue. Nel loro complesso, questi dati del DNA e quelli di altri diversi organismi (e qui il riferimento è alla ricerca di Piacenza sul *Bos taurus*, n.d.a.), riaffermano lo scenario di un *input* genetico post-neolitico di provenienza mediorientale nell'attuale popolazione della Toscana, scenario che è in accordo con l'origine anatolica degli etruschi. Tracce di questo arrivo dal Vicino Oriente in un'epoca relativamente recente sono ancora riscontrabili in Toscana, nonostante l'estesa diluizione per mescolanza tanto con gli elementi indigeni quanto con le popolazioni italiche confinanti e, successivamente, con le più tarde immigrazioni".

In conclusione, tracce genetiche che si sommano a tracce culturali e linguistiche, con un risultato che condanna senza appello la linea testardamente sostenuta dall'etruscologia italiana. Il lavoro da fare non manca: però, adesso storia della cultura, linguistica e genetica non sono più in conflitto tra loro, e anzi possono procedere fianco a fianco. Questo è già un gran bel risultato.

*l.magini@yahoo.it

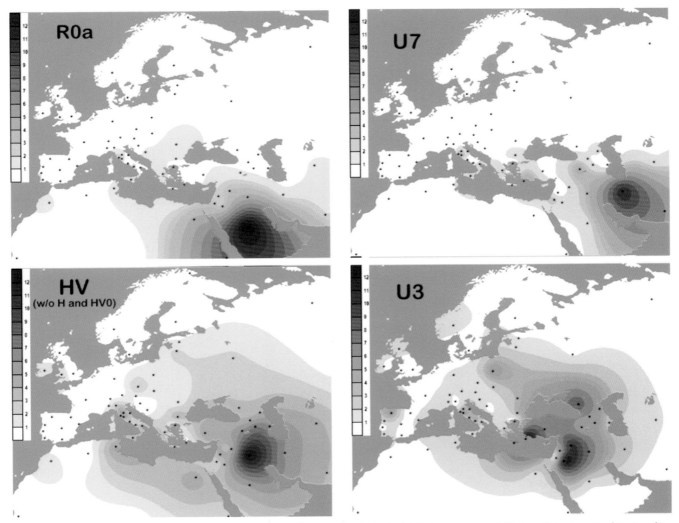

Fig. 3 – Quattro aplogruppi presenti nei toscani di oggi hanno i propri picchi di frequenza nel Vicino Oriente – Arabia Saudita, Iran, Irak e Turchia sud-occidentale. I puntini indicano le diverse località delle popolazioni europee, nordafricane e mediorientali prese in esame. Da ACHILLI 2007.

NOTE

[1] MAGINI 2006.

[2] L'*Asia occidentale propriamente detta* include l'altopiano anatolico in Asia minore e le regioni montuose dell'Armenia e dell'Iran. La definizione è di CAVALLI-SFORZA 2000, p. 370.

[3] Prof. Paolo Ajmone-Marsan, Istituto di Zootecnica, Laboratorio di Genetica Animale, Università cattolica di Piacenza. Citata in Bibliografia come AJMONE MARSAN 2007.

[4] Prof. Antonio Torroni, Dipartimento di Genetica e Microbiologia, Università di Pavia. Citata in Bibliografia come ACHILLI 2007.

BIBLIOGRAFIA

ACHILLI 2007 = A. ACHILLI et alii *Mithocondrial DNA Variation of Modern Tuscans Supports the Near Eastern Origin of Etruscans*, in *The American Journal of Human Genetics*, Vol. 80, Aprile 2007.

AJMONE MARSAN 2007 = P. AJMONE MARSAN et alii *The mystery of Etruscan origins: novel clues from* Bos taurus *mitochondrial DNA*, in *Proceedings of the Royal Society of Biological Sciences*, in corso di pubblicazione.

CAVALLI-SFORZA 2000 = L.L. CAVALLI-SFORZA-P. MENOZZI-A. PIAZZA *Storia e geografia dei geni umani*, Milano, 2000.

MAGINI 2006 = L. MAGINI *L'origine degli etruschi e le recenti acquisizioni della scienza*, in *Automata*, n. 1, 2006, pp. 9-22.

TAV. I

Veduta del sito megalitico di Stonehenge.

Marzabotto, veduta di un'area dell'abitato etrusco.

Qualche considerazione su Zeuthen
e la cosiddetta 'algebra geometrica'

di

*Massimo Galuzzi**

ABSTRACT

In this paper some considerations about 'geometric algebra', introduced by H. Zeuthen in 1886, are proposed. The reading of Greek mathematical texts, particularly of Apollonius, that this concept subtended had a clean acceptance at the beginning of last century. It has progressively lost its effectiveness and many of today's historians consider a reading of an ancient text in terms of geometric algebra at most a preliminary step towards a real understanding of it (if not a misleading one).
Nevertheless Zeuthen's ideas, obsolete as they may be, had a primary role in promoting and improving our knowledge of Apollonius. Our debt towards Zeuthen is cut-and-dried.

Nella sezione dedicata alla *Géométrie* di Descartes della sua *Geschichte der Mathenatik,* Zeuthen[1] rivolge una critica cortese, ma ferma, alla citazione *prolem sine matre creatam* che Chasles riprende da Montesqieu per qualificare l'opera di Descartes come una radicale rottura con il passato[2].

Zeuthen non vuole negare né l'importanza né il profondo carattere innovativo dell'opera cartesiana; ma vede quest'opera come la *sintesi* di tutto ciò che l'ha preceduta e la sua novità *non* in una rottura radicale con il passato, ma in una *riforma* che modifica profondamente il rapporto tra algebra e geometria[3].

È divertente il fatto che un'osservazione analoga si potrebbe rivolgere a coloro che vedono nell'algebra geometrica[4] una creazione di Zeuthen in una situazione temporale ben precisa[5]. L'algebra geometrica è invece un ossimoro coniato da Zeuthen che a sua volta indica la conclusione di un lungo percorso interpretativo[6].

Bernard Vitrac, dopo avere ricordato l'interpretazione algebrica di Tannery del libro secondo degli *Elementi*[7], descrive in termini brevi ed efficaci il contributo di Zeuthen: « La thèse a été considérablement amplifiée par H.G. Zeuthen qui a introduit avec succès le terme d'"algèbre géométrique", souvent retenu par la suite pour caractériser le contenu du livre II [degli *Elementi*], et considéré comme une technique fondamentale pour la théorie des coniques »[8].

Mi pare però opportuno aggiungere una citazione diretta. Zeuthen inizia la sua celebre opera sulle sezioni coniche con questa dichiarazione: "Die antike Lehre von den Kegelschnitten, welche von Apollonius in vollständingem Zusammenhange entwickelt ist, ist ausschliefsslich auf solchen Voraussetzungen aufgebaut, welche sich in Euklids Elementen finden, also im wesentlichen auf ganz denselben, welche auch der jetzigen elementaren Geometrie angehören"[9].

Gli *Elementi* di Euclide sono dunque sufficienti per seguire passo per passo l'opera di Apollonio. Tuttavia un lettore che voglia comprendere il piano dell'opera di Apollonio, vorrà individuare, con maggior precisione, quei risultati degli *Elementi* che siano funzionali a questa comprensione[10].

Zeuthen avverte poi che nella matematica greca si può ravvisare un uso di un sistema di coordinate (intrinseche), ma con una importante differenza rispetto a ciò che ora facciamo: "Die Koordinaten gebrauchen wir aber in Verbindung mit der Algebra, welche die Griechen nicht kannten"[11].

La discussione seguente conduce all'algebra geometrica. A giudizio di Zeuthen nella matematica greca che precede Euclide si sviluppano delle tecniche, quali quelle descritte infine nel libro II degli *Elementi*, equivalenti alla nostra algebra elementare.

"Diese geometrische Algebra hatte zu Euklids Zeiten eine solche Entwicklung erreicht, dass sie dieselben Aufgaben bewältigen konnte wie unsere Algebra, solange diese nicht über die Behandlung von Ausdrücken zweiten Grades hinausgeht, ein Gebiet, welches sie auch, wie sich eben zeigen wird, in ihrer Anwendung auf die Lehre von den Kegelschnitten ausgefüllt hat. Eine solche Anwendung entspricht der Anwendung unserer Algebra in der analytischen Geometrie".

L'algebra geometrica permette di riassumere[12] i contenuti delle prime dieci proposizioni del libro II degli *Elementi* con una tabella di identità algebriche:

1. $a(b+c+d+\ldots) = ab+ac+ad+\ldots$
2. $(a+b)^2 = (a+b)a+(a+b)b$,
3. $(a+b)a = a^2+ab$,
4. $(a+b)^2 = a^2+b^2+2ab$,
5. $(a-b)b+(\frac{1}{2}a-b)^2 = (\frac{1}{2}a)^2$ oder
   $(a-b)b+(b-\frac{1}{2}a)^2 = (\frac{1}{2}a)^2$,
6. $(a+b)b+(\frac{1}{2}a)^2 = (\frac{1}{2}a+b)^2$ oder
   $b(b-a)+(\frac{1}{2}a)^2 = (b-\frac{1}{2}a)^2$,
7. $a^2+b^2 = 2ab+(a-b)^2$,
8. $4ab+(a-b)^2 = (a+b)^2$,
9. $(a-b)^2+b^2 = 2(\frac{1}{2}a)^2+2(\frac{1}{2}a-b)^2$ oder
   $(a-b)^2+b^2 = 2(\frac{1}{2}a)^2+2(b-\frac{1}{2}a)^2$,
10. $b^2+(a+b)^2 = 2(\frac{1}{2}a)^2+2(\frac{1}{2}a+b)^2$ oder
    $(b-a)^2+b^2 = 2(\frac{1}{2}a)^2+2(b-\frac{1}{2}a)^2$.

Fig. 1 - Zeuthen e il libro II degli Elementi.

Zeuthen immagina dunque una qualche forma di presenza di contenuti paragonabili all'attuale algebra elementare nella matematica greca; ma ha cura di contenere questa affermazione entro i limiti di una interpretazione finalizzata alla comprensione dei testi. Ad esempio[13], dopo aver osservato, in modo un po' sbrigativo, come la II.4 che Euclide dimostra con una figura, può essere resa con la formula

$$(a+b)^2 = a^2 + b^2 + 2ab$$

osserva che il problema (si veda la fig. 2)

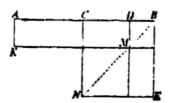

Fig. 2 - Zeuthen ed Euclide.

«...que *nous* poserions maintenant par l'équation

$$ax - x^2 = b^2$$

était exprimé *par les anciens* de la façon suivante : Construire, sur un segment donné *AB* (= *a*), un rectangle *AM* égal à un carré donné (), de telle sorte que la portion de surface manquant - au rectangle *ax* sur *AB* - soit un carré (BM = x²) »

Nell'analisi della soluzione, Zeuthen ha cura di distinguere tra ciò che corrisponde 'al nostro linguaggio algebrico' e le costruzioni che possono essere effettuate seguendo gli *Elementi*.

Tuttavia per valutare più concretamente l'idea dell'algebra geometrica è necessaria una lettura attenta dell'intera opera[14], che costituisce uno dei maggiori contributi storiografici della fine dell'Ottocento. Naturalmente questo porterebbe al di là dei limiti di questo saggio. Tuttavia un esempio può essere utile, e questo può essere dato dall'analisi che Zeuthen fa della I.42.

In effetti dopo aver presentato le 'equazioni' delle sezioni coniche

$$(1) \qquad y^2 = 2px, \quad y^2 = px + \frac{p}{a}x^2, \quad y^2 = px - \frac{p}{a}x^2$$

Zeuthen ha cura di osservare che
   "Apollonius leitet diese Sätze - Gleichungen in unsere Sprache - mit Hülfe ähnlicher Dreiecke ab, etwa so, wie man es noch heutigen Tags thun könnte"[15].

   Nelle analisi successive, in particolare in quella della I.42[16], queste equazioni hanno un ruolo minore di quanto ci si potrebbe aspettare.

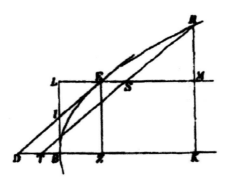

Fig. 3 - La I.42 di Apollonio.

   BEH è una parabola, *EM* e *BK*[17] sono due diametri, *DE* e *BL* sono le rispettive tangenti nei vertici *E* e *B*. Si tratta di dimostrare, con riferimento alla figura completata in modo ovvio, che il triangolo *HKT*, che Zeuthen indica con ΔHKT è equivalente al parallelogramma, *BKML*, che Zeuthen, seguendo (parzialmente) l'uso classico indica con (*BM*). Ora ecco come la dimostrazione di Apollonio viene riassunta

$$\frac{\Delta HKT}{\Delta EZD} =_1 \frac{KH^2}{ZE^2} =_2 \frac{BK}{BZ} =_3 \frac{(BM)}{(BE)}.$$

   La prima uguaglianza corrisponde al fatto che le aree dei triangoli simili hanno la stessa proporzione dei quadrati dei lati; la seconda è la proprietà della parabola; infine la terza corrisponde al fatto che parallelogrammi aventi la stessa altezza hanno tra loro il rapporto delle basi. Poiché *DE* è tangente alla parabola, *DE = 2BZ*, come è stato dimostrato in precedenza, e dunque ΔEZD = (*BE*). Sarà dunque anche ΔHKT = (*BM*).
   Un confronto con il testo di Apollonio[18] mostra facilmente che Zeuthen, in questo caso, modifica la dimostrazione del testo greco semplicemente aggiungendo delle abbreviazioni di carattere linguistico. Le equazioni non hanno dunque qui alcun carattere operativo.
   Appare da qui che l'algebra geometrica è utilizzata con moderazione da Zeuthen, soprattutto per comprendere profondamente il testo di Apollonio.
   Certamente i problemi che essa pone sono notevoli. Ecco una breve lista:
• Lo strumento dell'algebra geometrica è utilizzato da Zeuthen essenzialmente per valutare l'opera di Apollonio, trattato come un matematico contemporaneo. Questo pone in gioco il legame tra la matematica e la temporalità: un problema filosofico di enorme rilievo[19].
• L'algebra geometrica si presenta come una nozione ambigua: posta tra i due estremi di un semplice strumento interpretativo e di una realtà algebrica effettivamente esistente, riproposta in forma diversa.
• In generale, viene posto il problema di ciò che una data forma espressiva reca implicitamente con sé e di come percepire e padroneggiare questo retaggio.

Tuttavia l'algebra geometrica, come abbiamo già osservato, si pone a conclusione di un lungo percorso storico. L'origine dell'algebra nella matematica araba si connette immediatamente ad un utilizzo, o più in generale ad un confronto, con il libro II degli *Elementi*[20]. Questo confronto prosegue nella grande impresa degli algebristi italiani ed assume innumerevoli forme nella matematica del Seicento. Ecco un esempio di come Newton 'ridimostra' la Proposizione 4 del libro II degli *Elementi*[21].

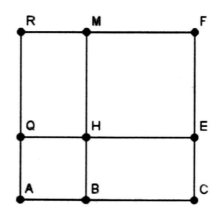

Fig. 4 - Newton rilegge il libro II.

Tutta la dimostrazione si riassume in una semplice linea di calcolo, ove il substrato algebrico è evidente:

$$AC^q = (AF = AH + HF + HC + HR = AH + HF + 2HC) = AB^q + BC^q + 2ABC.$$

A volte questo confronto si presenta come implicito, ma non per questo meno importante. Ad esempio, quando Descartes interpreta le proposizioni 11, 12 e 13 del primo libro di Apollonio come le *equazioni* delle sezioni coniche invece che come συμπτώματα[22] di fatto assegna al libro II degli *Elementi* una natura algebrica[23].

Il carattere di sintesi dell'algebra geometrica ha favorito tuttavia una sorta di superamento delle intenzioni stesse di Zeuthen. Vitrac riassume in breve efficacemente.

« Cette interprétation est acceptée par T. Heath. Avec la publication des textes mathématiques babyloniens, le débat rebondit: O. Neugebauer puis S. Gandz considèrent que l'algèbre géométrique d'Euclide n'est rien d'autre qu'un habillage géométrique de la vieille algèbre babylonienne, habillage qui en dissimule d'ailleurs l'intention. Cette position sera adopté et largement diffusée parB.L. Van der Waerden »[24].

Accanto a questa interpretazione dell'algebra geometrica come una effettiva realtà storica precedente la matematica greca[25] si è posta, nella seconda metà del secolo scorso, una nuova tendenza storiografica interessata più a costruire una storia della matematica 'ideale' atta a rafforzare lo sviluppo della matematica stessa che a seguire il percorso, a volte tortuoso, della storia 'reale', affidata alle sue contingenze[26]. In questo senso, l'algebra geometrica, riverberando la sua chiarezza sull'opera di Apollonio e rendendola del tutto trasparente, è vista come una realtà storica 'superiore', atta ad esprimere il 'reale contenuto' dell'opera dell'autore greco.

Che questo stato di cose dovesse produrre una reazione, soprattutto tra gli storici della matematica antica più attenti al rigore filologico che interessati agli sviluppi della matematica moderna, è ben comprensibile.

Si deve a Sabetai Unguru un saggio importante[27] atto a rivendicare un'interpretazione della matematica greca contrapposta a quella di Zeuthen. Questo saggio manifesta tuttavia una forte vis polemica e per questa ragione ha suscitato reazioni altrettanto aspre, da parte di Weil[28], van der Waerden[29] e Freudenthal[30]. Non si può certo dire che in questa polemica vi sia un reale approfondimento dei problemi posti, sia pure in modo molto rude, da Unguru[31]. La concitazione della discussione ha certo fatto aggio sulla necessità di approfondire gli argomenti. Ciò che è peggio è che si è venuta a creare una sorta di divisione che in parte dura sino ad ora, ove, con più o meno determinazione, si deve scegliere uno dei due partiti, con argomentazioni che sembrano più giustificare una propensione verso un tipo di storiografia che istituire un reale confronto critico[32].

Comunque non è mia intenzione ergermi a giudice. In ciò che segue voglio invece esaminare alcune affermazioni contenute nel lavoro di Unguru (1975-76) e in quello recente di Fried - Unguru[33] per cercare di istituire una discussione proficua su alcune questioni che mi sembrano dotate di grande rilievo e che sono state come oscurate dalla sfortunata polemica che ho ricordata.

Vediamo un esempio, trattato da Unguru[34]. Egli considera la II. 5 degli *Elementi*: *Se una retta è divisa in segmenti uguali e disuguali il rettangolo formato con i segmenti diversi dell'intera retta, preso insieme al quadrato costruito sul segmento tra i punti di divisione è uguale al quadrato costruito sulla metà della retta*[35].

La dimostrazione euclidea (che anche Unguru riporta) consiste dapprima nel costruire la figura mediante il rettangolo (*AM*), con *BM = DB*, il quadrato (*CF*) e le linee riportate.

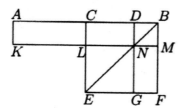

Ma poi, ben diversamente da quanto abbiamo visto in un caso analogo considerato da Newton, l'argomentazione di Euclide procede nel modo seguente:

$$(CN) \; = \; (NF). \text{ Aggiungendo } (DM) \text{ si ha,}$$
$$(CM) \; = \; (DF). \text{ Ma } (CM) \; = \; (AL), \text{quindi}$$
$$(AN) \; = \; \text{gnomone } (CBFGNL),$$
$$AD \times DB \; = \; \text{gnomone } (CBFGNL),$$
$$AD \times DB + q(CD) \; = \; q(CB).$$

Ora ecco quanto Unguru osserva:

"These are Euclid's enunciation and proof. There is no trace of equations here and there is no trace of equations anywhere in Greek classical mathematics, *i.e.* in Greek geometry. The proof is purely geometrical, constructive, intuitive (or visual), in the sense of its appeal to the eye and it consists of a logical concatenation of statements about geometrical objects (in this case, rectangles, squares and gnomons). There are no symbols and, consequently, there are no operations performed on symbols; the proof appeals to spatial perception rather than being abstract and is essentially rooted in what has become known as Aristotelian predicate logic. All these are the very characteristic of Greek geometry"[36].

La sua argomentazione acquisisce una maggior forza se cerchiamo di riproporre la dimostrazione euclidea con la simbologia moderna. Formuliamo la II.5 in uno dei molti modi possibili:

(2) $$(a+b)(a-b)+b^2 = a^2$$

e riconsideriamo la figura con l'aiuto dei nuovi simboli.

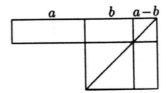

Ora è chiaro che sia il rettangolo (*CN*) che il rettangolo (*NF*) dovranno essere rappresentati da *b*(*a - b*), il che conduce a scrivere l'uguaglianza non molto significativa

$$b(a-b)+(a-b)^2 = b(a-b)+(a-b)^2.$$

Procedendo nello stesso stile abbiamo

$$a(a\text{-}b) = a(a\text{-}b),$$

$$a(a\text{-}b) + b(a\text{-}b) = a(a\text{-}b) + b(a\text{-}b),$$

(3) $(a + b)(a - b) + b^2 = (a + b)(a - b) + b^2 = a^2$

Come è evidente, solamente la (3) ha un senso dimostrativo, ma affidato alle convenzioni operative assunte per i simboli e non certo fondato su una considerazione della figura. Il fatto evidente è che $a(a - b)$ indica l'area di un *qualsiasi* rettangolo i cui lati siano a e $a - b$ mentre nella dimostrazione euclidea è la *posizione* dei rettangoli, oltre alla equivalenza delle loro superfici, a giocare un ruolo essenziale.

Dunque, se ci si arresta a questo punto, la ferma opposizione di Unguru all'algebra geometrica pare molto solida. Possiamo certo assegnare alla II.5 la 'connotazione' (2), ma la dimostrazione euclidea differisce radicalmente dalla manipolazione algebrica (3).

Tuttavia è difficile pensare che Zeuthen fosse insensibile a questa differenza. E mi pare che la sua idea di algebra geometrica avesse un carattere meno ingenuo.

Una volta *dimostrata* la II.5 secondo le modalità euclidee non siamo obbligati ad esibire ogni volta la *figura* corrispondente accanto all'identità che essa descrive.

Più in generale, quando utilizziamo le proposizioni corrispondenti alle formule date nella tabella di pagina 30 all'interno di un contesto dimostrativo senza alcun riferimento visuale ad esse, non ci comportiamo come se esse fossero identità algebriche?

Ecco un esempio. Nelle *Collezioni* di Pappo, si trova un lemma che conduce ad un'immediata soluzione del cosiddetto problema del quadrato[37]. La soluzione (algebrica) di questo problema costituisce, come è ben noto, uno dei punti di forza della *Géométrie* di Descartes. Mi propongo di affiancare alla dimostrazione geometrica una parziale 'trascrizione' algebrica per porre il problema della 'differenza'.

Con riferimento alla figura seguente[38], si tratta di dimostrare che $CD^2 + HE^2 = DS^2$

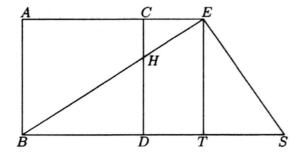

Si traccia *ET* perpendicolarmente a *BS* e si osserva che $BH = ES$ (per l'uguaglianza dei triangoli *DHB*, *STE*). Poi:

$$BS^2 = BE^2 + ES^2 \text{ (la relazione pitagorica);}$$
$$BS \times (BD + DS) = BE \times (BH + HE) + ES^2 \text{ (Euclide, libro II);}$$
$$BS \times BD + BS \times DS = BE \times BH + BE \times HE + ES^2.$$

I punti E, H, D, S sono in uno stesso cerchio: $\widehat{HDS} + \widehat{HES} = \frac{\pi}{2} + \frac{\pi}{2} = \pi$.

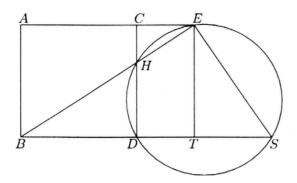

Ecco cosa ne consegue (questa volta dal libro III degli *Elementi*):

$$BS \times BD = BE \times BH,$$

$$BS \times DS = BE \times HE + ES^2$$
$$BS \times DS = BE \times HE + BH^2.$$

Ancora si utilizza il libro II degli *Elementi*.

$$BE \times HE = BH \times HE + HE^2 \qquad (BE = BH + HE)$$

e quindi

$$BE \times HE + BH^2 = BH \times HE + HE^2 + BH^2 = BH \times BE + HE^2$$

Si utilizza di nuovo il fatto che i punti sono conciclici.

$$BS \times DS = BH \times BE + HE^2 = BD \times BS + HE^2$$

Da ambo le parti si sottrae $BD \times DS$ (!).

$$BS \times DS - BD \times DS = BD \times BS - BD \times DS + HE^2,$$

$$(BS - BD) \times DS = BD \times (BS - DS) + HE^2,$$
$$DS^2 = BD^2 + HE^2 = CD^2 + HE^2,$$

Per la dimostrazione dunque (se condotta in questo modo) sono indispensabili alcune osservazioni di carattere geometrico.

• Soltanto dopo che si è tracciato il segmento ET si può asserire che $BH = ES$;
• Occorre osservare che i punti H, D, S, T sono in uno stesso cerchio;
• Si utilizza sistematicamente il teorema di Pitagora.

Vi è dunque un nucleo geometrico irriducibile[40]. Si ponga $BD = a$, $DS = y$, $BH = x$, $HE = c$. Dall'analisi della *figura* si trae $ES = x$.

Sempre dalla *figura* si ha

$$(a + y)\, a = (c + x)\, x.$$

Si parte ora, ancora da una *proprietà geometrica*:

$$(a + y)^2 = x^2 + (c + x)^2.$$

Ma ora si procede in modo 'automatico', secondo le modalità dell'algebra geometrica:

$$(a + y)^2 = x^2 + (c + x)^2,$$
$$\cancel{(a + y)a} + (a + y)y = (c + x)c + \cancel{(c + x)x} + x^2,$$
$$(a + y)y = (c + x)c + x^2 = cx + c^2 + x^2 = c^2 + (c + x)x,$$
$$(a + y)y = c^2 + a(a + y), \qquad [(a(a + y) \leftarrow (c + x)x]$$
$$ay + y^2 = c^2 + a(a + y),$$
$$\cancel{ay} + y^2 = c^2 + a^2 + \cancel{ay},$$
$$y^2 = c^2 + a^2.$$

Certamente questa dimostrazione algebrica è differente da quella originale. Tuttavia, come osserva Aristotele nella *Metafisica* "...ciò che è differente, è differente, rispetto a qualcosa di determinato, sotto un determinato profilo, di guisa che necessariamente ciò-in-cui le due cose differiscono deve essere qualcosa di identico[41]".

La soluzione algebrica cartesiana del problema del quadrato elimina la necessità di questo lemma e dunque si pone sul piano della *alterità*. Un'analisi condotta in termini di algebra geometrica del problema del quadrato, che pone in evidenza il ruolo di questo lemma, si pone invece sul piano della *differenza* e consente di cogliere in modo determinato quali sono gli elementi caratteristici della configurazione geometrica e quali sono gli sviluppi semplicemente manipolativi.

Il testo composto recentemente da Fried e Unguru rappresenta un contributo importante per la comprensione delle *Coniche* di Apollonio[42]. Esso meriterebbe una lunga ed attenta disamina. Può parere dunque non rendergli giustizia soffermarsi su una singola frase. Tuttavia questa frase, pur nella sua brevità, corrisponde in modo esemplare al percorso intellettuale di Unguru (qui condiviso da Fried) e dunque la esaminerò con attenzione.

"The substance of the text, its content, is always embedded in a certain form, which is the idiosincratic manner in which the content presents itself. [...] If form and content are inviolable unity, "preserving" the content while violating the form does violence to the text and prevents its understanding in its own right, which is, after all, the least that is required of the historian"[43].

Certamente all'apparenza immediata appare molto chiaro cosa si debba intendere per una lettura del testo che sia adeguata a ciò che esso contiene. Tuttavia una riflessione più attenta mostra che l'affermazione di Unguru e Fried si pone come una sorta di sorta di idealizzazione di una situazione. Una situazione nella quale dobbiamo interrogarci su almeno tre temi: il testo, il lettore, la natura degli oggetti matematici.

Sull'ultimo punto, sulla natura degli oggetti matematici, un tema di affascinante complessità, preferisco rinviare ai lavori di Gardies[44] e Giusti[45]. Mi soffermo brevemente sui primi due punti.

Un testo, in modo particolare un testo della matematica classica, non ha la natura di un *oggetto* che ci sia *dato*. Esso rappresenta una costruzione che, pur partendo da dati 'oggettivi',- manoscritti, pergamene, ecc.,- implica numerose scelte metodologiche. L'ammirevole edizione degli *Elementi* di Heiberg è tuttora considerata un punto di riferimento[46]. Ma non è certo escluso che una più profonda conoscenza della matematica araba venga a produrre cambiamenti notevoli nelle future edizioni degli *Elementi*. L'ormai prossima edizione delle *Coniche* di Apollonio preparata da Roshdi Rashed si preannuncia come foriera di numerosi cambiamenti anche sul piano strettamente testuale. In particolare per il libro IV, oggetto di un attento studio 'fedele al testo' nel lavoro del 2001 di Fried e Unguru.

Non voglio fare dell'ironia. Voglio solo sottolineare che il tipo di lettura al quale Fried ed Unguru si riferiscono presuppone o un nucleo testuale sufficientemente stabile e definito che attraversi la storia della matematica senza subire modifiche sostanziali o che 'oggi' si disponga di criteri sufficientemente validi per identificare, a meno di varianti inessenziali, il contenuto originale di certi testi classici. Ma come ben si vede, si tratta di una questione complessa.

Altrettanto delicata è la questione del lettore. Un lettore che sappia trasformarsi in un contemporaneo di Euclide o di Apollonio può solo essere oggetto di divertenti scherzi letterari nei quali eccellevano Borges e Quenau. Un oggetto matematico[47] è il dato di una trama di relazioni. E dunque, considerare gli oggetti delle *Coniche* di Apollonio, per esempio, significa saper distinguere all'interno della rete di relazioni che oggi regolano le sezioni coniche quelle identificabili come attribuibili ad Apollonio. Se superiamo il livello delle dichiarazioni programmatiche la cosa non appare ovvia.

Consideriamo la figura seguente:

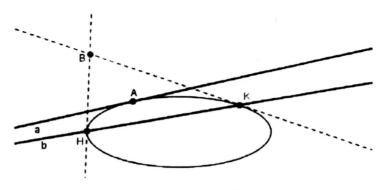

Fig. 5 - La polarità.

A è un punto sulla sezione conica ed *a* è la tangente in *A*. *B* è un punto arbitrario e *b* e la sua polare: in questo caso (il punto è esterno alla conica) la retta che congiunge *H* e *K* i punti di contatto delle due tangenti condotte da *B* alla conica. Ad un lettore moderno, dotato di una certa esperienza matematica, le coppie *a,A* e *b,B* sembrano sostanzialmente equivalenti. Al di là del dato 'visivo', la relazione di polarità indotta dalla conica induce una corrispondenza tra punti e rette ove l'appartenenza $A \in a$ ha un ruolo meno rilevante di quanto la figura sembra suggerire ad un lettore inesperto. Infatti molti teoremi che all'apparenza valgono solo per le coppie punto/tangente si possono generalizzare alle coppie polo/polare.

Ora non è facile decidere se il 'miglior' lettore di Apollonio dal punto di vista storico sia colui che è dotato di una certa esperienza matematica, colui che cerca di prescinderne, o colui che ne è privo. Se da un lato vi è il pericolo dell'anacronismo, dall'altro vi è quello di non giungere ad una comprensione profonda del testo.

Non posso pretendere di dirimere questo problema che del resto ci riconduce al punto iniziale: a Zeuthen ed alla diversità del suo modo di intendere la storia rispetto all'altro grande storico suo contemporaneo, Moritz Cantor. Mi permetto solo di aggiungere che ogni considerazione storica sottende un concetto di *sviluppo* e dunque la necessità di percorrere, e ripercorrere, il cammino che dall'oggi conduce al passato.

È deplorevole il fatto che una sfortunata polemica abbia privato di spessore filosofico un dibattito sulla storia della matematica che conteneva importanti elementi di riflessione[48] e che, come conseguenza abbia accomunato Zeuthen alla schiera di quei matematici che, dopo aver proiettato un risultato attuale su un qualsiasi testo del passato, con ciò si sentono non solo 'storici della matematica', ma anche storici migliori di coloro che procedono in modo più cauto ed avveduto[49].

*massimo.galuzzi@mat.unimi.it

NOTE

[1] ZEUTHEN 1966.

[2] Il testo si trova in CHASLES 1875.

[3] Le idee di Descartes operano "...eine Reform der ganzen Mathematik, die bisher ihre anerkannte Grundlage in der Geometrie gehabt hatte, von nun an aber in der Algebra erhielt ", ZEUTHEN 1966, p. 203.

[4] Da qui in poi non uso più le virgolette.

[5] Si indica abitualmente la data del 1886, l'anno dell'edizione tedesca di ZEUTHEN 1866 o ZEUTHEN 1902.

[6] Un'espressione felice o, secondo altri, assai infelice, confrontabile con il termine 'Renaissance' introdotto da Jules Michelet, nella sua celebre Storia di Francia (1855).

[7] Si veda soprattutto TANNERY 1912.

[8] Il testo si trova nella Notice, Sur l'"algèbre géométrique" in EUCLIDE 1990-2001, vol. 1, pp. 366-376.

[9] ZEUTHEN 1886, p. 1.

[10] "...welche besonderen Hülfsmittel eben in dem erwähnten Werke zur Benutzung beim Studium der Kegelschnitte eingeführt werden".

[11] ZEUTHEN 1886, p. 2.

[12] ZEUTHEN 1886, p. 12.

[13] ZEUTHEN 1902, p. 36-37.

[14] ZEUTHEN 1886.

[15] ZEUTHEN 1886, p. 66.

[16] Ho scelto questa proposizione perché essa è oggetto di una interessante analisi di Saito (SAITO 1985, pp. 31-60). In essa Saito sviluppa argomentazioni che lo conducono ad una valutazione di Apollonio contrastante rispetto a quella di Zeuthen.

[17] BK è un diametro qualsiasi, non l'asse della parabola come la figura sembra suggerire.

[17] Cfr. APOLLONIUS 1891, vol. I, pp. 128-131.

[19] Un'analisi recente e profonda di questo problema si trova in GARDIES 2004.

[20] Si veda BERGGREN 1986, pp. 104-108, ove è proposta una dimostrazione di Thābit ibn Qurra della formula risolutiva dell'equazione di secondo grado nel con-

testo del libro II degli Elementi.

[21] Cfr. NEWTON 1967-1981, vol. 3, pp. 402-404. Newton usa una stessa figura per alcune proposizioni. Io utilizzo una figura più semplice.

[22] Cfr. DESCARTES, vol. 6, p. 404.

[23] Ove esso ancora sia necessario, perché ovviamente molte proprietà delle coniche possono dedursi direttamente dalle equazioni stesse.

[24] Cfr. EUCLIDE 1990-2001 vol. 1, p. 366.

[25] Tuttavia non è escluso che nuovi ritrovamenti storici possano avallare del tutto o in parte questa interpretazione.

[26] Esemplare in questo senso è il saggio di WEIL 1980. Ma si vedano anche WEIL 1948 e 1993. Molto importanti sono anche le opere storiche scritte da Dieudonné o da altri esponenti del gruppo Bourbaki.

[27] UNGURU 1975-1976.

[28] WEIL 1978.

[29] VAN DER WAERDEN 1975-76.

[30] FREUDENTHAL 1976-77.

[31] UNGURU 1975-1976.

[32] Certamente CHRISTIANIDIS 2004 è un testo importante, ma nella sezione affidata a Unguru si legge "It turns out that the mathematical and historical approaches are mutually antagonistic and that no compromise is possible between the mathematical and historical methodological principles" (p. 383). Un'affermazione che sembra più scaturire dal ricordo della vecchia polemica che porre una valutazione oggettiva di contributi storiografici successivi quali quelli di VAN DER WAERDEN 1985, ove accanto a molte semplificazioni, a volte radicali, si trovano anche molte cose interessanti.

[33] FRIED – UNGURU 2001.

[34] UNGURU 1975-76.

[35] Cfr. EUCLIDE 1990-2001, pp. 333-335.

[36] Cfr. UNGURU 1975-76, p. 90.

[37] Per il testo di Pappo si veda PAPPUS 1878, VII, prop. 71.

[38] Nel testo di Pappo naturalmente non compare CD² ma "il quadrato costruito su CD, ecc.". Mi pare che, una volta avvertito il lettore, questa semplificazione non possa creare difficoltà.

[39] Nel testo di Pappo naturalmente non

compare CD² ma "il quadrato costruito su CD, ecc." Mi pare che, una volta avvertito il lettore, questa semplificazione non possa creare difficoltà.

[40] Si noti che le proprietà relative agli angoli al centro ed alla circonferenza, come quelle del libro III dei Elementi non sono state mai considerate parte dell'algebra geometrica.

[41] ARISTOTELE, Metafisica, 1054b, 25 sgg.

[42] FRIED – UNGURU 2001.

[43] FRIED – UNGURU 2001, p. 35.. Su questo punto si sofferma anche Benno Artmann nella sua recensione sul Zentralblatt 0993.01004.

[44] GARDIES 2004.

[45] GIUSTI 1999.

[46] Vitrac utilizza questo testo per la sua edizione francese. Ma conviene leggere anche l'Introduction Générale alla sua edizione di Maurice Caveing.

[47] Un M-oggetto direbbe Gardies, in GARDIES 2004, p. 77 e ss.

[48] Tuttavia tra i molti interventi voglio segnalare SAITO 1998, GARDIES 1997, 2001 e 2004, e NETZ 2004, che contengono argomentazioni molto interessanti. Il breve saggio di Micheli (MICHELI 2002, pp. 535-544) ha come obiettivo delimitato una valutazione dei contributi di Popper alla storia della scienza antica. Tuttavia vi è brevemente descritto il carattere specifico di superamento dialettico della scienza antica da parte della scienza moderna. Secondo questa prospettiva, una considerazione di Apollonio nei termini della Géométrie di Descartes,- per riprendere i contenuti precedenti,- si pone in modo necessario, e va proseguito (nella misura del possibile) per tutto il percorso successivo della teoria delle sezioni coniche. Solamente la considerazione dello sviluppo della teoria può rendere conto adeguatamente del ruolo di Apollonio. Ovviamente evitando quelle brutali semplificazioni che spianino la via a banali anacronismi.

[49] Il valore di Zeuthen, come matematico, storico e più in generale la sua vicenda umana, sono evocati in modo assai partecipe in KLEIMAN 1991, pp. 1-13.

BIBLIOGRAFIA

APOLLONIUS 1891 = Apollonii Pergaei quae graece extant cum commentariis antiquis, Stuttgart 1891.

BERGGREN 1986 = J.L. BERGGREN, Episodes in the mathematics of medieval Islam, New York 1986.

BURGIO-BENTIVEGNA-MAGNANO SAN LIO = S. BURGIO-G. BENTIVEGNA-G. MAGNANO SAN LIO (eds.), Filosofia. Scienza. Cultura. Studi in Onore di Corrado Dollo, Soveria Mannelli (CZ) 2002.

CHASLES 1875 = M. CHASLES, Aperçu histori-

que sur l'origine et le dévelopment des méthodes en géométrie, Paris 1875.

CHRISTIANIDIS 2004 = J. CHRISTIANIDIS (ed), Classics in the History of Greek Mathematics, Dordrecht, Boston, London 2004.

DESCARTES 1964-1974 = R. DESCARTES, Œuvres, ed. C. Adam-P. Tannery, 11 voll., Paris 1964-1974.

EUCLIDE 1990–2001 = EUCLIDE, Les Éléments. Introduction par Maurice Caveing. Traduction et commentaires par Bernard Vitrac, Paris 1990-2001.

FREUDENTHAL. 1976-77 = H. FREUDENTHAL, What

is algebra and what has it been in history? in Archive for history of exact sciences, 16, 1976–1977, pp. 189-200.

FRIED–UNGURU 2001 = M.N. FRIED-S. UNGURU, Apollonius of Perga's Conica. Text, Context, Subtext, Leiden, Boston, Köln 2001.

GARDIES 1997 = J. L. GARDIES, L'organisation des mathématiques grecques de Théétète à Archimède, Paris 1997.

GARDIES 2001 = J.-L. GARDIES, Qu'est-ce et pourquoi l'analyse? Essai de définition, Paris 2001.

GARDIES 2004 = J.-L. GARDIES, Du mode

d'existence des objets de la mathématique, Paris 2004.

GIUSTI 1999 = E. GIUSTI, *Ipotesi sulla natura degli oggetti matematici,* Torino 1999.

KLEIMAN 1991 = S. KLEIMAN, *Hieronymus Georg Zeuthen* (1839-1920), in KLEIMAN - THORUP (eds.), 1991, pp. 1–13.

KLEIMAN–THORUP 1991 = S.L. KLEIMAN-A. THORUP (eds), *Enumerative Algebraic Geometry, Proceedings of the 1989 Zeuthen Symposium.* Contemporary Mathematics, 1991.

LE LIONNAIS 1948 = F. LE LIONNAIS (ed.), *Les grands courants de la pensée mathématique,* Paris 1948.

MICHELI 2002 = G. MICHELI, *Popper e l'origine della scienza,* in S. BUGIO - G. BENTIVEGNA - G. MAGNANO SAN LIO (a cura di), 2002, pp. 535–544.

NETZ 2004 = R. NETZ, *The Transformation of Mathematics in the Early Mediterranean World,* Cambridge 2004.

NEWTON 1967 – 1981 = I. NEWTON, *Mathematical Papers,* ed. by D.T. Whiteside, Cambridge 1967–1981.

PAPPUS 1876 – 1878 = Pappus, *Collectiones quae supersunt,* 3 voll., ed. by F. Hultsch, Berlin 1876 – 1878.

SAITO 1985 = K. SAITO, *Book II of euclid's Elements in the light of the theory of conic sections,* in *Historia scientiarum,* 28, 1985, pp. 31– 60.

SAITO 1998 = K. SAITO, *Mathematical Reconstructions out, Textual Studies, 30 Years in the Historiography of Greek Mathematics,* in *Revue d'histoire des mathématiques,* 4, 1998, pp. 131–142.

TANNERY 1912 = P. TANNERY, *De la solution géométrique des problèmes du second degré avant Euclide,* in TANNERY 1912a, pp. 254–280.

TANNERY 1912 a = P. TANNERY, *Mémoires scientifiques,* publiés par J.-L. Heiberg & H.-G. Zeuthen, Paris et Toulouse 1912.

UNGURU 1975-76 = S. UNGURU, *On the Need to rewrite the History of Greek Mathematics,* in *Archive for history of exact sciences,* 15, 1975-76, pp. 67–114.

VAN DER WAERDEN 1975-76 = B. L. VAN DER WAERDEN, *Defence of a "shocking" point of view,* in *Archive for history of exact sciences,* 15, 1975-76, pp. 199–210.

VAN DER WAERDEN 1985 = B. L. VAN DER WAERDEN, *A History of Algebra,* Berlin, Heidelberg, New York 1985.

WEIL 1948 = A. WEIL, *L'avenir des mathématiques,* in LE LIONNAIS 1948, pp 307–320.

WEIL 1978 = A. WEIL, *Who betrayed Euclid?,* in *Archive for history of exact sciences,* 19, 1978, pp. 91–93.

WEIL 1980 = A. WEIL, *History of mathematics: why and how,* Proceedings of the International Congress of Mathematicians, Helinski, 1978, Acad. Sci. Finnica, Helsinki 1980.

WEIL 1993 = A. WEIL, *Teoria dei numeri. Storia e matematica da Hammurabi a Legendre,* a cura di C. BARTOCCI, trad. it., Torino 1993.

ZEUTHEN 1886 = H.-G. ZEUTHEN, *Die Lehre von den Kegelschnitten in Altertum,* Kopenhagen 1886.

ZEUTHEN 1902 = H.-G. ZEUTHEN, *Histoire des mathématiques dans l'antiquité e le moyen age,* Paris 1902.

ZEUTHEN 1966 = H.-G. ZEUTHEN, *Geschichte der Mathenatik im 16. und 17. Jahrhundert,* New York 1966 (Nachdruck der ersten Auflage von 1903).

Lucrezio e la chimica

di

*Marco Beretta**

ABSTRACT

Recent historiography has pointed out the influence on early modern chemistry of different classical theories of matter. Among these the reading and interpretation of Lucretius is a particularly interesting example. While the **De rerum natura** *has been regarded by religious authorities as a dangerous heterodox work, between 1500 and 1800 chemists throughout Europe became progressively interested in adopting Lucretius' qualitative atomism. I shall argue that such atomism played an important role not only in building an alternative philosophy of matter to that of Aristotle, but also in developing more concrete and operative options, such as the definition of chemical reaction.*

"Dunque elementi dissimili per forma s'adunano in una sola compagine e le cose sono formate di semi commisti (*permixto semine*). Nei miei stessi versi sparse ovunque tu vedi molte lettere comuni a molte parole, eppure devi ammettere che versi e parole sono, fra loro, composti di lettere diverse, non perché solo poche lettere comuni vi corrano, né mai due parole risultino di tutte lettere uguali, ma perché non sono tutte eguali fra loro. Così nelle altre cose i primi elementi, sebbene in gran parte siano comuni a molte cose, tuttavia possono costituire complessi differenti tra loro; a ragione dunque si dice che di atomi diversi sono formati il genere umano, le messi e gli alberi lieti"[1].

Riprendendo una fortunata analogia tra atomi e lettere risalente a Democrito, Lucrezio[2] ne sviluppò a più riprese[3] alcuni elementi che sembravano fornirgli un'immagine assai efficace di una filosofia della materia tesa a spostare il centro della costituzione del mondo dagli atomi individuali alle molecole e alle loro combinazioni. Il passo citato in effetti servì a dimostrare a

Lucrezio che i corpi erano formati dal mescolarsi e il combinarsi di insiemi di atomi di diversa natura le cui differenti forme, proporzioni, disposizioni e ordini davano luogo all'infinita varietà di corpi percepibili attraverso i sensi. Pur non essendo in grado di entrare nei dettagli su come fossero le forme di questi enti elementari senza prestare il fianco alle potenziali critiche degli aristotelici, Lucrezio pensava che la varietà dei corpi fosse il risultato della combinazione di molecole costituite da atomi di forme differenti. Benché il numero degli atomi fosse ipotizzato come infinito, le forme degli atomi, come il numero delle lettere, erano limitate ed erano proprio queste forme a dare ragione delle qualità macroscopiche dei corpi: "Per quale ragione, se non perché i corpi della luce sono più piccoli di quelli di cui si compone l'acqua? E in un istante vediamo scorrere il vino per il colatoio, ma l'olio indugia lento, certo perché è formato di elementi più grossi o più uncinati (*magis hamatis*) e più intricati (*plicatis*) fra loro […]. Ti è facile così riconoscere che d'atomi lisci e ro-

tondi (*levibus atque rotundis*) sono le sostanze che toccano gradevolmente i sensi, mentre tutte quelle che sembrano amare e aspre sono intessute di corpuscoli più uncinati, e per questo sogliono lacerare le vie dei nostri sensi e, nell'entrare, far violenza al corpo"[4].

Poco oltre Lucrezio precisava ulteriormente la relazione tra la varietà delle forme atomiche e la struttura dei corpi macroscopici: "Ci sono anche degli atomi che non si possono a ragione pensare lisci, né al tutto uncinati con aculei contorti, ma piuttosto con lievi spigoli poco sporgenti, che possono solleticare più che offendere i sensi; tali sono la feccia del vino e il sapore dell'enula. Che infine il fuoco ardente e la gelida brina con atomi in diverso modo dentati (*dentata*) pungano i sensi, a noi palesa il contatto dell'uno e dell'altra […] Devono certo comporsi di atomi lisci e rotondi le cose liquide che hanno consistenza fluida…"[5].

Sulla base di questa limitata varietà di forme, Lucrezio dava conto della complessità della materia ricorrendo all'ipotesi che la costituzione ed accrescimento dei corpi solidi fosse generata dalle differenti disposizioni degli atomi: così una stessa combinazione di atomi poteva dare luogo, semplicemente cambiando disposizione, a corpi affatto diversi: "certo quando avrai sperimentato tutte quelle parti di un unico corpo, collocandole in alto e in basso trasmutandole (*transmutans*) da destra a sinistra, per vedere quale forma esteriore dia a tutto il corpo ciascuna disposizione…"[6].

A differenza delle sillabe che potevano disporsi solo in sequenze orizzontali, gli atomi che componevano le cose potevano aggregarsi secondo un'architettura tridimensionale, ampliando così enormemente le possibilità combinatorie. E' sintomatico che in questo contesto eminentemente chimico, Lucrezio introduceva per la prima volta nella lingua latina il concetto di trasmutazione[7], la cui funzione semantica spiegava come un insieme di atomi potesse dare luogo, a seconda dei diversi modi del loro aggregarsi, a corpi del tutto differenti. In questo senso il significato tecnico dato da Lucrezio è simile a quello degli alchimisti rinascimentali che attribuivano alla trasmutazione la possibilità, partendo da una data sostanza (per esempio il piombo), di giungere, attraverso complesse procedure sperimentali, a trasformarla in un'altra (l'oro). Per Lucrezio, tuttavia, la trasmutazione, più che l'effetto di una sperimentazione dai connotati oscuri, era la conseguenza di una caratteristica tipica della struttura molecolare dei corpi, la quale in determinate condizioni subiva dei cambiamenti di disposizione interna degli atomi, senza che la natura e il numero di questi ultimi cambiasse.

Altrettanto originale è l'uso che Lucrezio fa del termine misto (*permixtum*) e il ruolo concettuale che vi attribuisce nella spiegazione della dinamica delle combinazioni

atomiche. In contrasto con la teoria dei quattro elementi aristotelica e delle dottrine riduzionistiche dei presocratici[8], Lucrezio partiva dal presupposto che la materia si trovasse, nella maggior parte dei casi, sotto forma di aggregati molecolari e di misti. Anche se gli atomi volteggiavano nel vuoto, e questo stato dava modo a Lucrezio di descriverne le proprietà fisiche di massa, figura e movimento, il loro isolamento era temporaneo poiché la loro tendenza prevalente, causata dalla perenne combinazione dei moti rettilinei e inclinati era quella di aggregarsi in molecole e generare i corpi i quali, di conseguenza, erano sempre costituiti da miscugli di atomi: "Nulla c'è, fra le cose di natura visibile, che sia formato d'un solo genere di elementi, niente che non consista d'una mescolanza di semi (*permixto semine constet*); e ogni cosa che in sé possiede più forze e proprietà, mostra di contenere più specie e varie forme di elementi"[9].

Questo è per Lucrezio un punto di cruciale importanza perché rivendicando la complessità dell'architettura della materia atomica poteva spiegare fenomeni, come ad esempio il passaggio dal mondo inorganico all'organico e viceversa dalla vita alla morte senza essere costretto a ricorrere a concetti metafisici. Gli atomi si risolvevano nelle aggregazioni e, senza perdere la loro individualità, costituivano, disponendosi in modi diversi, tutti i corpi. E' da segnalare, alla luce della sua importanza nella storia della chimica, la differenza della definizione lucreziana di misto rispetto a quella di Aristotele il quale vedeva nel *mixis* una nuova sostanza, irriducibile ai suoi ingredienti costitutivi. Nel *De generatione et corruptione* (327a) infatti scriveva: "Secondo alcuni è impossibile che una cosa si mescoli a un'altra diversa, se le cose che si sono mescolate sussistono

ancora, allora non si sono mescolate, se una delle sue componenti è stata distrutta non si sono mescolate, ma una esiste e l'altra non esiste più".

Per questa ragione, come ha acutamente rilevato E. Romano, Aristotele e Teofrasto preferivano studiare le trasformazioni qualitative della materia partendo dall'osservabilità empirica delle reazioni e dei cambiamenti[10].

Non è chiaro se Lucrezio avesse compreso il processo chimico grazie al quale le sostanze combinandosi durante una reazione si dissolvono, ma l'attenzione che il poeta pose sulla struttura molecolare della materia è certamente un indicatore di un importante cambiamento avvenuto nella teoria atomica tradizionale. Da questo punto di vista è significativo che nel *De rerum natura* il concetto di atomo sia sempre presentato al plurale e che invece di scegliere la traduzione letterale che Cicerone aveva proposto del termine greco con la traslitterazione latina *atomos* e la traduzione *individua*, Lucrezio abbia preferito usare termini quali *semina* e *primordia rerum*, decisamente meno legati all'idea democritea di entità individuali e indivisibili, ma meglio adatti a esprimere una concezione della materia fondata sull'auto organizzazione delle sue parti costitutive[11]. Altrettanto innovativa è l'introduzione da parte di Lucrezio del concetto di misto che allude direttamente alla combinazione chimica di corpi diversi e che, a partire da Vitruvio e Plinio, assumerà questo nuovo significato tecnico[12].

L'attenzione prestata da Lucrezio ai misti è dunque una conseguenza del tentativo di riportare la definizione della natura atomica all'esperienza quotidiana o, più in generale, all'esperienza osservabile. Mentre per gli aristotelici i misti erano costituzionalmente diversi dalla somma dei loro costituenti, per Lucrezio la composizione atomica della materia consentiva di concepire la reversibilità delle combinazioni molecolari e di guardare a tutte le composizioni e dissoluzioni dei corpi come a reazioni di aggregazione e scomposizione atomica ripetibili all'infinito[13]. Se lo scambio di materie era perennemente scandito dal cambiamento, la somma della materia soggetta a tutte queste infinite reazioni rimaneva eternamente la stessa. Anzi, l'assunto lucreziano secondo cui nulla si crea e nulla si distrugge usciva rafforzato, identificandosi con quell'atomismo chimico che presiedeva alle composizioni e dissoluzioni dei corpi. Se qualcosa fosse andato perduto, infatti, il mondo si sarebbe estinto; per converso se fosse stata possibile la creazione spontanea di qualcosa dal nulla, la regolarità dei fenomeni naturali percepita quotidianamente dai sensi sarebbe stata impossibile. Diversamente, l'equilibrio tra nascita, distruzione e la regolarità dei fenomeni naturali dimostravano, secondo Lucrezio, l'invisibile costanza dell'azione degli atomi e delle loro aggregazioni.

Questa brevissima esposizione di alcuni principi dell'atomismo lucreziano serve a comprendere alcune ragioni che, a partire dal Rinascimento, resero il *De rerum natura* un testo di grande importanza per i naturalisti impegnati ad affrontare questioni di carattere chimico. Se è certamente vero, come sottolineato di recente da alcuni storici con argomenti convincenti, che il IV libro dei *Meteorologica* di Aristotele ha esercitato una notevole influenza nella formazione della chimica tardo medievale e moderna[14], non è possibile trascurare l'elaborata teoria della materia, qual è quella esposta nel *De rerum natura*, che per molti versi offriva una valida alternativa alla

filosofia di Aristotele, senza intaccare i vantaggi che derivavano dall'approccio qualitativo ed empirico ai fenomeni.

Il primo naturalista che, trattando di fenomeni chimici, espone in qualche dettaglio la dottrina atomistica è Vanoccio Biringuccio nel suo trattato metallurgico *De la pirotechnia* pubblicato postumo a Venezia nel 1540. Anche se nei primi anni del '500 è difficile valutare con precisione l'impatto del *De rerum natura* in ambito scientifico, la rapida diffusione del poema in Italia[15] e i numerosi segnali di apprezzamento che ne seguirono non potevano lasciare indifferenti quei naturalisti che cercavano alternative all'ormai stanca filosofia naturale di Aristotele. Questo sforzo di revisione critica della tradizione è particolarmente evidente in quelle discipline, come la metallurgia e la chimica, che non erano state trattate sistematicamente da Aristotele e che perciò sollevavano problemi come quelli relativi alla natura e composizione dei metalli, a cui non era possibile dare risposte se non ricorrendo ad approcci nuovi e, soprattutto, a fonti alternative. E' noto che Biringuccio lavorò per

qualche tempo con Leonardo il quale, senza alcun dubbio, conosceva Lucrezio. Tale conoscenza è attestata direttamente in un passo in cui Leonardo cita Lucrezio relativamente ai costumi degli uomini primitivi[16], indirettamente nel sunto della teoria della materia di Anassagora (probabilmente tratta dal primo Libro del *De rerum natura*)[17] e, nel passo più interessante di tutti, da una critica agli alchimisti ove scrive: "J bugiardi interpreti di natura affermano l'argiento vivo essere come semenza a tutti i metalli, non si ricordano che la natura varia le semenze secondo la diversità delle cose che essa vuole produrre al mondo"[18].

Con *semenze delle cose* Leonardo probabilmente designava i differenti tipi di *semina rerum* che costituivano i corpi secondo quanto esposto nel I e II libro del *De rerum natura*. Non ci si deve meravigliare che un testo classico da poco scoperto fosse già conosciuto al di fuori della ristretta cerchia degli umanisti fiorentini entro la quale rimase sepolto per i primi decenni del Quattrocento[19]. Infatti, grazie alle copie diffuse da Niccolò Niccoli a partire dal 1437 il poe-

Fig. 1 - Primavera del Botticelli (1478). Galleria degli Uffizi, Firenze.

Fig. 2 - Frontespizio miniato di un codice del De rerum natura *commissionato da Sisto IV e curato da Girolamo di Matteo de Tauris (1483). Biblioteca Vaticana, Vat. Lat. 1569.*

ma divenne ampiamente disponibile agli intellettuali da Poliziano a Ficino, sollevando un accesissimo dibattito destinato a spegnersi solo con le prime censure ecclesiastiche del sinodo del 1517. Gli originalissimi contenuti del *De rerum natura* ispirarono anche gli artisti, tanto che Botticelli rappresentò ne *La primavera* (1478-1485) (fig. 1) i versi 737-740 del V libro del poema lucreziano[20], mostrando chiaramente che, soprattutto a Firenze, i contenuti del poema erano ormai divenuti noti se non addirittura alla moda. L'interesse di Leonardo per quest'opera non era dunque particolarmente originale. Inoltre, a partire dalla seconda metà del Quattrocento circolavano molte copie manoscritte (fig. 2) e già nel 1511 si potevano facilmente consultare numerose edizioni tra cui quella, di un certo successo, cor-

redata dall'eruditissimo commento dell'umanista bolognese Giovan Battista Pio[21] (fig. 3).

Biringuccio non cita mai nella sua opera Lucrezio ed anche se è improbabile che lo avesse letto, alcuni passi del *De la pirotechnia* lasciano pensare che avesse conosciuto, sia pur indirettamente, i contenuti del poema. Nel trattare la composizione dell'argento Biringuccio scrive: "la sua miniera è assai ponderosa e molte volte ha la grana lucente, la quale quanto più è minuta, simile alle punte de l'ancora, tanto più riesce perfetta, perché dimostra purità e fissione"[22].

Il riferimento alla forma puntuta delle particelle d'argento farebbe pensare, come ha di recente sottolineato Andrea Bernardoni[23], a una diretta lettura di Lucrezio. Bernardoni ha inoltre messo in evidenza i numerosi passi dell'opera in cui Biringuccio ricorre a una concezione corpuscolare per descrivere i metalli, usando termini quali "particelle" e "attomi". Tuttavia, è proprio l'uso di questi termini che rende difficile stabilire una filiazione diretta da Lucrezio ché, come è noto non usa mai il termine atomo preferendogli quelli di *semina, primordia, exordia* etc. ed usa solo cinque volte il termine *particulae*[24]. Dal momento che l'uso del termine atomo da parte di Biringuccio costituisce la prima occorrenza in ambito scientifico nella lingua italiana (e forse europea), è possibile che questa fondamentale innovazione terminologica derivi dalla lettura di Cicerone il quale usa questo termine per descrivere l'atomismo degli epicurei romani, rilevando tra l'altro l'improprietà delle loro traduzioni dei termini tecnici greci. Mancando riferimenti espliciti, è altrettanto possibile che Biringuccio abbia attinto a una tradizione diversa da quella epicurea e lucreziana perché, nel capitolo dove discute degli· effet-

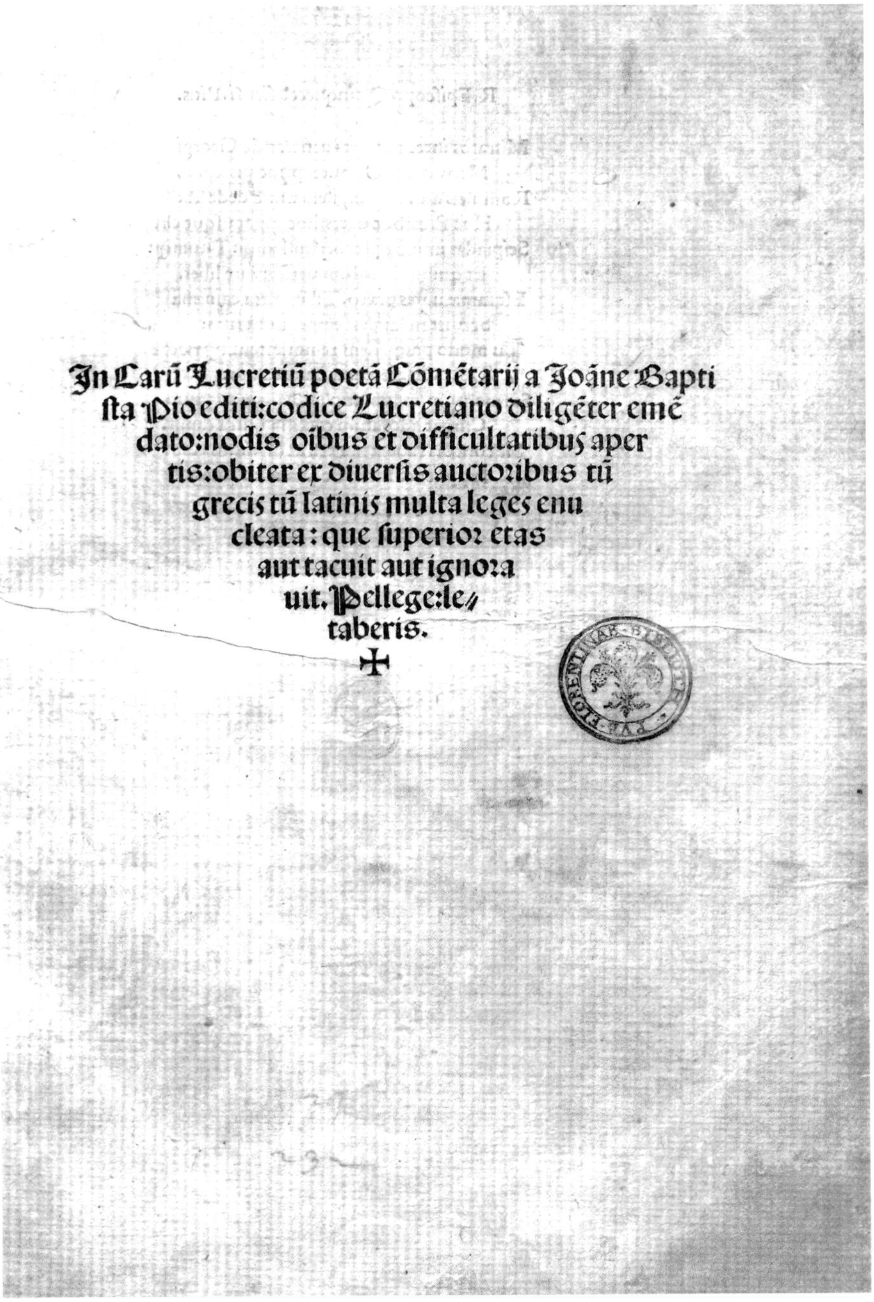
In Carū Lucretiū poetā Cōmētarij a Joāne Bapti
sta Pio editi: codice Lucretiano diligēter emē
dato: nodis oībus et difficultatibus aper
tis: obiter ex diuersis auctoribus tū
grecis tū latinis multa leges enu
cleata: que superior etas
aut tacuit aut ignora
uit. Pellege: le
taberis.

Fig. 3 - Frontespizio dell'edizione del De rerum natura *commentata da Giovan Battista Pio (Bologna, 1511).*

ti della calamita e dove sarebbe lecito aspettarsi una discussione sull'originale teoria atomistica di Lucrezio, il mineralista senese, pur usando il termine "attomi" all'inizio del capitolo[25], non vi fa alcun riferimento preferendo basarsi sulle opinioni di Plinio il vecchio e Alberto Magno. Questa lacuna su un fenomeno che Lucrezio tratta diffusamente (*DRN,* VI, 906-1064) e che, dal punto di vista chimico, era certamente più interessante delle descrizioni favolose di Plinio o Alberto Magno, mi induce a credere che Biringuccio avesse una conoscenza solo indiretta del *De rerum natura* e che avesse maturato un'originale concezione corpuscolare della materia attingendo a fonti la cui natura è stata, solo di recente[26], parzialmente chiarita. Al di là dell'influsso di Leonardo, l'ipotesi che ritengo più probabile è che Biringuccio avesse avuto notizia della dottrina di Lucrezio da Benedetto Varchi, profondo conoscitore e ammiratore del poema latino[27], con il quale aveva intrattenuto un intenso e amichevole scambio di idee intorno alla natura dell'alchimia[28].

Il più autorevole successore di Biringuccio, Giorgio Agricola, cita Lucrezio nel secondo libro del *De re metallica* (1556), ma solo per sottolineare come l'origine delle miniere poteva essere stata causata, durante un incendio spontaneo delle foreste[29], dalla stessa natura. Attraverso questa spiegazione era possibile, sulla base di una fonte autorevole, evitare la contrapposizione tra scienze naturali e tecniche artificiali che gli umanisti rinascimentali sostenevano a tutto detrimento delle seconde. La citazione di Lucrezio, che riprendeva tra l'altro un argomento già usato da Aristotele, rivestiva una funzione erudita e nel resto dell'opera Agricola, da buon umanista, descriveva la natura dei metalli entro una cornice teorica essenzialmente aristotelica, rinunciando a qualsiasi riferimento a teorie corpuscolari. Occorrerà aspettare quasi un secolo perché l'atomismo risvegli l'interesse dei chimici. Questo ritardo, se così lo si può definire, fu dovuto più che a motivi di ordine teorico, al lento processo di formazione disciplinare della chimica di cui, per tutto il Cinquecento e i primi decenni del Seicento, non esistevano degli insegnamenti universitari e la cui pratica veniva quasi sempre subordinata alle esigenze dei medici e all'insegnamento di *Materia medica.* Inoltre, fino alla fine del Settecento, la chimica rimase una scienza essenzialmente qualitativa mantre le prime discussioni filosofiche sull'atomismo, principalmente imperniate da Galileo e i suoi discepoli su come dare una quantificazione matematica del continuo, rendevano difficile ai chimici un'attiva partecipazione al dibattito senza snaturare la pratica, tutta sperimentale, della propria disciplina.

La diffusione del *De rerum natura* nella prima metà del Seicento contribuì ad allargare lo spettro di opinioni sull'atomismo. Sull'onda delle discussioni teoriche e filosofiche suscitate dalle opere di Bacone, Cartesio e Gassendi e le numerose ipotesi avanzate sulla struttura corpuscolare della materia, i naturalisti che si occupavano di chimica incominciarono a comprendere quanto la loro scienza, più di altre discipline, fosse per sua natura condizionata dalla risoluzione del problema del numero ed essenza degli elementi costitutivi della materia. Anche le reazioni chimiche più semplici, per esempio le effervescenze dei sali o la dissoluzione negli acidi, sollevavano interrogativi fondamentali sui principi delle combinazioni e sulla natura dei reagenti. L'atomismo sembrava dare risposte nuove ai progressi sperimentali ottenuti nei laboratori e, diversamente dall'atomismo matematico galileiano, l'esistenza fisica dell'atomo congiunto alla varietà delle sue forme sembravano a portata di mano. Indubbiamente, come ha correttamente sostenuto Christoph Meinel esaminando l'opera del medico tedesco Daniel Sennert[30], raramente l'adesione all'atomismo era associata ad esperimenti realizzati nel laboratorio e l'impossibilità empirica di verificare l'esistenza del tessuto atomico della materia rendeva queste prime adesioni al corpuscolarsimo delle petizioni di principio tese a mostrare un'identità della pratica chimica pienamente immersa nel dibattito scientifico attuale e, contemporaneamente, distante sia dalla mera empiria dei farmacisti sia dalle pretese speculative degli alchimisti. Del resto,

l'enorme successo dell'opera di Sennert rivela il diffondersi dell'esigenza di considerare i fenomeni chimici entro una nuova cornice teorica rispetto ai quattro elementi aristotelici e i tre principi paracelsiani. Daniel Sennert (1572-1637) fu, come molti autori della sua generazione, un atomista eclettico e, come giustamente osservato da Lasswitz e Partington, è probabile che la sua adesione al corpuscolarismo dipendesse più dalla lettura di Asclepiade di Prusa che a Lucrezio[31]. Nell'opera *Hypomnemata physica* (1636) Sennert presentò l'atomismo come una dottrina capace di spiegare alcune operazione quali la rarefazione, la condensazione e la dissoluzione dei metalli negli acidi, interpretate per la prima volta esplicitamente come un cambiamento di disposizione delle particelle elementari.

Pur non essendo un chimico, il notevole interesse per questa scienza ispirò Bacone, in misura ancora da approfondire[32], nella sua vasta opera di riforma del pensiero filosofico e scientifico. A causa della pessima reputazione di Lucrezio quale autore eterodosso e licenzioso, Bacone, come molti suoi contemporanei, evitò di citarlo direttamente richiamandosi all'atomismo di Democrito, un autore meno compromesso ma del quale all'inizio del diciassettesimo secolo si sapeva poco o nulla. Che la fonte principale dell'atomismo Baconiano fosse in realtà il *De rerum natura* lo dimostrano numerosi passi delle sue opere[33]. Dopo aver elogiato nella prima parte del *Novum Organum* (1620) l'enfasi posta dagli alchimisti sulla centralità della sperimentazione nell'indagine scientifica, nel paragrafo 40 della seconda parte Bacone avanzava un principio che poco più di un secolo dopo sarebbe diventato una delle principali leggi della chimica. Parlando delle differenti configurazioni delle par-

ticelle che costituivano il tessuto (*textura*)[34] della materia e della loro combinazione nei misti Bacone scriveva: "Thus let the nature in question be the Expansion or Coition of Matter in bodies compared one with the other; viz. how much matter occupies how much space in each. For there is nothing more true in nature than the twin propositions, that "nothing is produced from nothing" (*ex nihilo nihil fieri*)[35] and "nothing is reduced to nothing" (neque *quicquam in nihilum redigi*)[36], but the absolute quantum or sum total of matter remains unchanged, without increase or diminution"[37].

Come si evince chiaramente da questo passo, Bacone applicò, citandolo quasi alla lettera, il principio lucreziano di conservazione della materia alla risoluzione di una questione fisico-chimica le cui conseguenze lo condussero alla seguente deduzione: "this greater or less quantity of matter in this or that body is capable of being reduced by comparison to calculation and to exact or nearly exact proportions. Thus one would be justified in asserting that in any given volume of gold there is such an accumulation of matter, that spirit of wine, to make up an equal quantity of matter, would require twenty-one times the space occupied by the gold. Now the accumulation of matter and its proportions are made manifest to the sense by means of weight"[38].

Nonostante queste sorprendenti asserzioni, del resto non comuni nell'opera di Bacone, il filosofo inglese non sostenne mai del tutto i contenuti dell'atomismo lucreziano, negando in modo deciso l'idea che potesse esistere il vuoto[39] e, pur usando il termine *semina rerum* per designare le particelle della materia, respinse l'idea che esistessero degli atomi elementari assolutamente indivisibili.

L'enorme influenza esercitata

in Inghilterra da Bacone favorì la lettura "scientifica" del *De rerum natura* e anche tra i chimici si assistette ad un immediato approfondimento delle interpretazioni che ne aveva dato il filosofo inglese. La traduzione inglese nel 1656 del primo libro del poema da parte di John Evelyn[40] e la diffusione, sempre negli anni '50, dell'atomismo cristianizzato di Gassendi da parte del medico William Charleton, furono i segnali più evidenti del successo di Lucrezio in ambito scientifico. La sistematica decontaminazione dai principi eterodossi del poema che faceva da sostrato a queste iniziative assicurava un prezioso strumento di difesa a tutti coloro che volevano abbandonare la filosofia della natura di Aristotele senza essere accusati di ateismo. In questo contesto particolarmente favorevole ad una rilettura del poema, il contributo più significativo in ambito chimico ci viene dall'opera di Robert Boyle il quale vedeva nel corpuscolarsimo[41] una chiave, anche se non esclusiva, per comprendere le cause, fino allora misteriose, di operazioni e fenomeni chimici. In alcuni passi delle sue opere Boyle è molto positivo nei confronti di Lucrezio, fino a dichiarare che: "By granting Epicurus his principles that the atoms or particles of bodies have an innate motions, and granting our supposition of the determinate motion and figure of the aerial particles, all the phenomena of rarefaction and condensation, of light, sound, heat etc., will naturally and necessarily follow"[42].

In mancanza di esperimenti risolutivi nell'offrire una testimonianza diretta delle forme e dei moti atomici Boyle, che aveva aderito non senza ambiguità alla filosofia meccanica, professò un certo eclettismo metodologico oscillando tra i principi operativi della chimica paracelsiana ed Helmontiana e quelli, promettenti ma

ancora troppo speculativi, derivati dall'attenta lettura di Lucrezio e Gassendi. A causa della natura eterodossa dell'atomismo, però, Boyle raramente citò come *auctoritates* le opere di Lucrezio ed Epicuro e, addirittura, in un celebre passo della parte sesta del *The Sceptical Chymist* (1661), dopo aver parlato degli elementi come "certain primitive and simple, perfectly unmigled bodies; which not being made of any other bodies, or of one another, are the ingredients of which all those called perfectly mixt bodies are immediately compounded, and into which they are ultimately resolved"[43], giustificava la propria adesione al corpuscolarsimo dichiarandola del tutto estranea alla tradizione classica: "If I were fully to clear to you my apprehensions concerning this matter, I should perhaps be obliged to acquaint you with diver of the conjectures (for I muse yet call them no more) I have had concerning the principles of things purely corporeal: for though because I seem not satisfied with the vulgar doctrines, either of the peripatetick or Paracelsian schooles, many of those that know me […] have though me wedded to the Epicurean *Hypothesis*, (as others have mistaken me for an *Helmontian*) yet if you knew how little conversant I have been with *Epicurean* authors, and how great a part of *Lucretius* himself I never yet had the curiosity to read, you would perchance be of another mind"[44].

E' superfluo insistere sulle implicazioni filosofiche e religiose di una dichiarata adesione all'atomismo lucreziano, soprattutto per chi, come Boyle, era impegnato nella lotta contro l'ateismo[45]. Certo, la concezione corpuscolare della materia, l'ammissione e dimostrazione sperimentale dell'esistenza del vuoto[46] e le frequenti perifrasi dell'atomismo epicureo così come era stato esposto nel *De rerum*

natura e nell'opera di Gassendi, lasciano pochi dubbi sulla dimensione retorica della negazione testé citata.

Boyle, infatti, conosceva benissimo il poema lucreziano, condividendone alcuni principi fondamentali che sembravano particolarmente fecondi nello sforzo di rinnovamento della filosofia della materia tradizionale e che gli consentivano di impegnarsi in prima persona, come già facevano molti altri membri della Royal Society, a provarne sperimentalmente la veridicità fisica.

Isaac Newton, che certamente aveva letto il *De rerum natura* in due edizioni differenti[47] e ne era rimasto non poco influenzato, soprattutto nella redazione dell'*Opticks* dove, chiamato ad affrontare nella *Query 31* temi riguardanti la composizione ultima della materia e le reazioni tra le sostanze, utilizzò, quasi senza alcuna modificazione, la definizione lucreziana di atomo, scrivendo al proposito: "it seems probable to me, that God in the Beginning form'd Matter in solid, massy, hard, impenetrable, moveable Particles, of such Sizes and Figures, and with such other Properties, and in such Proportion to Space, as most conduced to the End for which he form'd them"[48] [i.e la composizione di natural bodies].

Le differenti forme degli atomi infatti non erano delle qualità estranee alla materia, ma costituivano le loro caratteristiche immanenti e qualificanti anche se Newton pensava che l'eterogeneità della materia non fosse di questo mondo, costituito invece da atomi omogenei, ma di altri mondi[49]. E tuttavia i seguaci di Newton che vollero applicare i principi della meccanica alla spiegazione dei fenomeni chimici giocarono sull'ambiguità della *Query 31* rivalutando a pieno l'atomismo lucreziano. Significativa a questo riguardo è la seguente

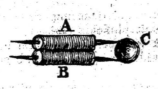

Pour faire comprendre à V. A. S. comment l'eau peut diffoudre le Sel jufqu'à une certaine quantité ; foient A & B deux parcelles du Sel, & C une boule de l'eau. Comme ces parcelles font très-peu liées enfemble à caufe de leur figure, la boule C ne fauroit fe fourrer avec tant foit peu de mouvement entre les deux parcelles A & B, qu'elle ne les détache les unes des autres. Ainfi ce n'eft pas l'air qui diffout le Sel qui y eft expofé ; mais c'eft l'humidité qui eft dans l'air : & l'eau ne fauroit diffoudre qu'une certaine quantité de Sel, parce qu'auffi-tôt que toutes les boules dont elle eft compofée, font employées, & qu'elles entourent autant de parcelles du Sel qu'elles peuvent, il n'en refte plus pour en diffoudre une plus grande quan-

ART. XIV.
Pourquoi l'eau diffout le Sel jufqu'à une certaine quantité.

Fig. 4 - Rappresentazione iconografica della dissoluzione di due atomi (A B) di un sale provocata da un atomo di acqua (C). Hartsoeker (1706).

spiegazione che James Keill dava della causa della formazione del sangue e di altri fluidi organici: "A few different sorts of particles variously combined, will produce great variety of fluids, some may have only one sort, some three, ore more ... If we suppose only five different sorts of particles in the blood, and call them *a, b, c, d, e*, their several combinations, without varying the proportions, in which they are mixt will be these following:

ab: ac: ad: ae:
bc: bd: be: cd:
ce: de: abc: adc:
bdc: bde: bec: dec:
abcd: abc: acde: abd:
bcde: abcde.

But whether there are more or fewer in the blood, I shall not determine"[50].

Thackray crede di vedere in questa formulazione lo sforzo di un approccio algebrico alla chimica e non si è avveduto che, in realtà, si tratta di una formulazione dell'analogia lucreziana atomi-lettere, che, prevedendo un numero limitato di forme atomiche, apparentemente non più di cinque come quelli ricordati da Keill[51], potevano essere

combinate in modo da dare conto dell'infinita varietà dei corpi.

Un altro fenomeno chimico, già studiato da Boyle, ove emerge un'influenza più on meno indiretta dell'atomismo lucreziano è quello relativo alla reazione tra un acido e un alcali. Nel suo celebre *Cours de Chymie* (Paris, 1675), il chimico francese Nicolas Lémery, influenzato da Boyle e dal corpuscolarismo, individuava nella forma delle particelle saline la ragione della loro identità chimica e, seguendo indirettamente Lucrezio, dava per scontata la validità scientifica di dedurre i fenomeni macroscopici riconducendoli all'azione e alle forme invisibili degli atomi: così mentre gli acidi erano costituiti da atomi dalle forme puntute, le particelle costitutive degli alcali erano di forma friabile e porosa[52].

Tale rappresentazione della reazione acidi-alcali ebbe un seguito enorme, tanto da perdere nella maggior parte dei casi, compreso quello di Lémery, la sua identità lucreziana e venir presentata come la logica conseguenza della "nuova" teoria corpuscolare dei sali. Nell'opera *Conjectures physiques* (1706), Nicolas Hartsoeker deli-

neava una vera e propria filosofia della materia corpuscolare e alla luce del successo del corpuscolarsimo cartesiano ristabiliva la centralità delle "parcelles immuables & indivisibles" le sole veramente adatte a rendere conto dei fenomeni della natura: « Il est vrai qu'il est impossible de déterminer [...] quelle est la grandeur, la figure, & l'arrangement des parcelles ou petits corps qui composent l'Eau, l'Air, les Sels, &c. Mais comme il est nécessaire qu'ils ayent une grandeur & figure déterminées, & qu'ils soient arrangez d'une certaine façon; il semble qu'il doit être permis à un Physicien de s'imaginer toutes ces choses selon qu'il en a affaire, pour en deduire aisement tous les effets que l'on voit que ces corps produisent... »[53].

E dal momento che la natura non può produrre l'infinita varietà di effetti se non per un numero ristretto di leggi uniformi, non è difficile immaginare per Hartsoeker una teoria che risponda efficacemente a questo obiettivo riduzionistico. Ed è proprio descrivendo la reazione chimica tra acidi ed alcali che Hartsoeker credette di individuare il sostegno sperimentale all'ipotesi atomistica. Così immagina e rappresenta, (fig. 4)[54] le forme degli atomi di alcali come cilindriche e porose all'estremità. Tali pori diventano le dimore ideali degli atomi di acidi la cui forma è puntuta come quella di chiodi e dunque naturalmente configurata per penetrare nei fori lasciati liberi dagli alcali[55]. Hartsoeker va oltre, spiegando figurativamente la dissoluzione parziale del sale in acqua, riconducendola alla forma rotonda (come descritta in Lucrezio) delle particelle d'acqua che, insediandosi tra due particelle di sale poco unite tra loro riesce a produrne la separazione (fig. 5).

Il carattere deduttivo e fortemente ipotetico dell'atomismo lucreziano, pur esercitando un fascino notevole non permetteva ai chimici di combinarlo efficacemente alla prassi sperimentale quotidiana e, almeno durante i primi decenni del Settecento, l'ipotesi venne progressivamente abbandonata anche se il corpuscolarsimo di stampo Cartesiano continuò a esercitare la propria influenza, si pensi agli *Elementa chemiae* di Herman Boerhaave, ancora per diverso tempo. Il successo della teoria stahliana nei primi decenni del secolo contribuì a orientare la chimica verso un approccio essenzialmente qualitativo entro il quale i rapporti e le reazioni delle sostanze venivano studiati operativamente e sulla base degli effetti sperimentali.

Una notevole eccezione a questo orientamento è rappresentata dall'opera del chimico russo Mikail Vasil'evich Lomonosov il quale, pur avendo studiato mineralogia alla scuola di Freyberg guidata dal celebre chimico stahliano Johann Friedrich Henckel, combinò notevolissime doti sperimentali con la costante ricerca di una nuova filosofia della materia basata sul corpuscolarismo così come era stata concepito da Boyle e da Newton. Da un punto di vista teorico, l'obiettivo di questa riforma era quello di dare un fondamento fisico-matematico alla chimica che privilegiasse un approccio quantitativo alle reazioni tra le sostanze. Non ci sono dubbi sul fatto che Lomonosov conoscesse il *De rerum natura* tanto che si era cimentato in una traduzione in russo dei versi relativi all'origine dei metalli del V libro (1241-1257)[56]. Benché nelle sue memorie di chimica il testo di Lucrezio non venga mai citato direttamente, sono numerosi i passi che ne rivelano una dipendenza difficilmente equivocabile. In una serie di scritti, rimasti inediti, dedicati al corpuscolarismo, il chimico russo gettava le basi teoriche per una chimica fisica basata su una originale combinazione di idee derivate dalla meccanica con la sperimentazione di laboratorio. Questa combinazione, apparentemente contraddittoria, di principi quantitativi a una prassi sperimentale essenzialmente qualitativa rendeva necessaria una profonda revisione del corpuscolarismo chimico così come era stato concepito nel diciassettesimo secolo, e imponeva un nuovo modo di conservare temi, come la natura del fuoco e del calore, che costituivano il perno intorno a cui ruotavano le interpretazioni delle principali reazioni chimiche.

In uno scritto dei primi anni '40, Lomonosov stabiliva che la chimica aveva come compito principale lo studio e l'analisi sperimentale dei corpi misti[57], i quali erano costituiti da particelle insensibili in costante movimento. Pertanto la generazione e distruzione dei corpi veniva spiegata, esattamente come in Lucrezio, attraverso il moto di particelle insensibili[58]. Il moto di queste particelle era permanente anche quando, come era il caso dei corpi solidi, la loro coesione le faceva apparire in quiete[59] Tali particelle erano di un'estensione finita e dotate di figura[60]. Ciascuna particella insensibile si muoveva di moto inerziale e mutando figura ed estensione mutava anche di conseguenza il moto locale[61]. "Se le particelle insensibili cambiano di posizione, cambieranno anche le qualità particolari. Queste qualità dipendono dunque dalla posizione delle particelle e pertanto i corpi, le cui particelle fisiche insensibili differiscono nella posizione, differiscono anche nelle loro qualità particolari"[62]. Alcuni storici hanno letto questa definizione come l'anticipazione del concetto berzeliano di isomero (1829)[63], ma al di là della congruità di questo rilievo, non ci si è avveduti che Lucrezio aveva messo chiaramente in evidenza che la differente disposizione di atomi uguali determinava, analogamente a quanto accadeva nella formazione delle parole con le lettere dell'alfabeto, la generazione di corpi affatto differenti. E' dunque probabile che, più che anticipare un concetto ancora chiaramente prematuro, Lomonosov esplorasse le potenzialità della dottrina lucreziana in ambito chimico.

Nel 1750 Lomonosov pubblicava nei *Novi Commentarii Academiae scientiarum imperialis Petropolitanae*[64] un'importante memoria, intitolata *Meditationes de calori seu frigoris causa*, in cui applicava la propria teoria corpuscolare alla spiegazione del caldo e del freddo nei corpi. Secondo Lomonosov il calore era causato dal movimento circolare delle particelle insensibili dei corpi e anche se tale moto non

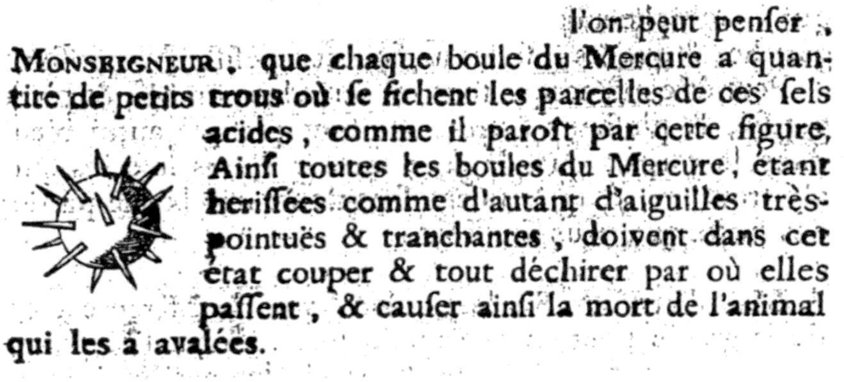
l'on peut penser, MONSEIGNEUR, que chaque boule du Mercure a quantité de petits trous où se fichent les parcelles de ces sels acides, comme il paroît par cette figure, Ainsi toutes les boules du Mercure, étant herissées comme d'autant d'aiguilles très-pointuës & tranchantes, doivent dans cet état couper & tout déchirer par où elles passent, & causer ainsi la mort de l'animal qui les a avalées.

Fig. 5 - Rappresentazione iconografica di una reazione tra un atomo di mercurio attaccato da particelle puntute di un acido. Hartsoeker (1706).

Fig. 6 - Idrometri costruiti da Lavoisier nel 1768 per misurare il peso specifico dei fluidi. Musée des art et métiers – Parigi. Inventario 7508.

era immediatamente visibile, gli effetti macroscopici della sua azione non potevano lasciare molti dubbi. Per convincere i suoi lettori, Lomonosov proponeva di partire dall'evidenza tratta dall'esperienza quotidiana: "Equidem non ibi motus adeo negandus est, ubi nullus in oculos incurrit: quis enim negabit, vento impetuoso sylvam perflante, folia arborum et ramos agitari, licet e longinquo spectans nullum motum visu assequeretur? Quemadmodum vero hic ob distantiam, sic in corporis calidis, ob tenuitatem particularum motae materiae, agitatio visum effugi: in utroque enim casu angelus visionis tam acutus est, ut neque ipsae particulae sub eo constitutae, neque motus earum videri possit. Sed neminem nisi qualitatum occultarum patronum aliquem fore arbitramur, qui calorem, tot mutationum instrumentum, otiosae quidam et omni motu, adeoque et vi movendi destitutae materiae tribuat"[65].

Anche Lucrezio aveva dimostrato l'esistenza degli atomi e la loro azione invisibile ricorrendo all'immagine dell'immensa e invisibile forza del vento "vis venti" (*DRN,* I,

271-287) ed è qui evidente il calco lomonosoviano. Altrettanto evidente è la sintonia di Lomonosov con i motivi profondi dell'opzione lucreziana per l'atomismo e in particolare per la necessità di spiegare i fenomeni senza ricorrere a cause occulte o estranee alla costituzione stessa della materia. Il calore dunque, come per Lucrezio, altro non era che l'effetto del moto circolare, più o meno veloce, delle materie elementari[66]. E' poi rivelatore che Lomonosov usi, per designare gli atomi in movimento, il termine lucreziano di *materiae,* un termine che non ho trovato in nessun altro autore moderno.

Lomonosov aveva affrontato il tema della diversità degli atomi costitutivi dei corpi mettendoli in relazione al loro peso. Se per un fisico valeva il principio secondo cui la densità della materia di un corpo omogeneo è direttamente proporzionale alla sua gravità[67], per un chimico tale principio non poteva che interessare un numero limitatissimo di casi dal momento che tutti i corpi si presentavano sotto forma di misti di molecole qualitativamente differenti. Per questa ragione Lomonosov invo-

cava la determinazione del peso specifico dei corpi misti come strumento qualificante della chimica sperimentale. In questo modo non abbandonava l'approccio quantitativo che stava alla base della filosofia della materia elaborata dai fisici e, contemporaneamente, non impoveriva, attraverso un mero riduzionismo, la complessità della struttura chimica dei corpi misti. Un'importantissima applicazione di questo approccio si concretizzò nella spiegazione che il chimico russo cercò di dare della calcinazione dei metalli. Da tempo era stato osservato che i metalli sottoposti a calcinazione aumentavano di peso. Secondo l'idea prevalente, sistemata dal medico tedesco Georg Ernst Stahl entro una teoria generale della combustione, i metalli, sottoposti all'azione del fuoco e del calore, perdevano il loro principio infiammabile, il flogisto, un ente che, appunto, era la causa corporea della loro infiammabilità. Lomonosov cercò di redimere il risultato dei dati sperimentali che registravano un incontestabile aumento del peso del metallo calcinato con l'idea che durante la calcinazione si liberasse dal metallo il suo principio infiammabile. Su questo tema Lomonosov pubblicava nel 1751 un saggio intitolato *De tincturis metallorum* nel quale, applicando sistematicamente un approccio quantitativo, concludeva che i metalli calcinati aumentavano di peso perché delle particelle di una sostanza esterna dispersa nell'aria si combinava con essi[68].

Lomonosov elaborò molte altre idee generali sulla struttura e stati della materia, l'elasticità dei fluidi, l'attrazione gravitazionale delle molecole, la natura del salnitro, dei metalli ed altri temi pertinenti la chimica che, di lì a qualche decennio, sarebbero stati ripresi con maggior fortuna[69].

La relativa marginalità dell'Accademia Reale delle Scienze di San

Pietroburgo e la scarsa diffusione degli scritti, quasi tutti in latino, del chimico russo, rende assai difficile misurarne l'impatto sulla comunità chimica europea. Tuttavia, è difficile credere che un lettore attento come Antoine Laurent Lavoisier, il quale aveva acquistato gli atti dell'Accademia delle Scienze di San Pietroburgo già nel 1767[70], non avesse studiato con la massima attenzione scritti che investivano temi e approcci sperimentali a lui molto prossimi. Nello stesso tempo, l'esplicito tentativo di Lomonosov di ridurre la chimica al rigore della fisica matematica doveva sembrargli velleitario e prematuro, soprattutto in quei pochi scritti che, sporadicamente e senza apparente filo conduttore, apparivano nelle memorie dell'Accademia Russa. Quello che è certo è che dopo il 1767 Lavoisier, pur con molta prudenza, sembrò avvicinarsi a una visione atomistica della materia. Di ritorno dal viaggio mineralogico con Guettard in Alsazia e Lorena, Lavoisier presentava nel 1768 all'Académie des Sciences di Parigi uno scritto nel quale proponeva di misurare la quantità dei sali dissolti nell'acqua ricorrendo alla determinazione del loro peso specifico e approntando delle tabelle comparative (fig. 6):

«Quelques réflexions sur cet effet de la solution des sels dans l'eau suffiraient pour nous donner une idée des différents éléments qui entreront dans la construction des tables. La pesanteur spécifique du sel et de l'eau formera les deux principaux ; la porosité de l'eau donnera ensuite une petite équation additive, et cette équation sera d'autant plus grande que les molécules constituantes du sel seront figurées de manière à s'arranger en plus grand nombre dans les pores de l'eau; d'où il suit que la configuration des parties élémentaires de l'eau et du sel entrera pour beaucoup dans le calcul. Il est aisé

Fig. 7 - *Frontespizio della traduzione francese di La Grange del De rerum natura.*

de concevoir que la porosité de l'eau doit diminuer à chaque nouvelle addition du sel ; d'où il suit que l'équation additive sera variable, qu'elle diminuera peu à peu, suivant une certaine loi, jusqu'à ce qu'elle devienne tout à fait nulle et se réduise à zéro. Si donc on représente cette équation par les ordonnées d'une courbe, elle coupera l'axe en ce point»[71].

Dunque anche per Lavoisier le molecole dei sali erano costituire da particolari configurazioni la cui forma ne condizionava la massa e poteva essere identificata con precisione determinando il loro peso specifico. Come per Lomonosov, per Lavoisier il peso specifico dei corpi diventava la chiave per comprenderne quantitativamente la loro specifica identità chimica senza che si perdesse l'irrinunciabile attenzione verso le qualità indivi-

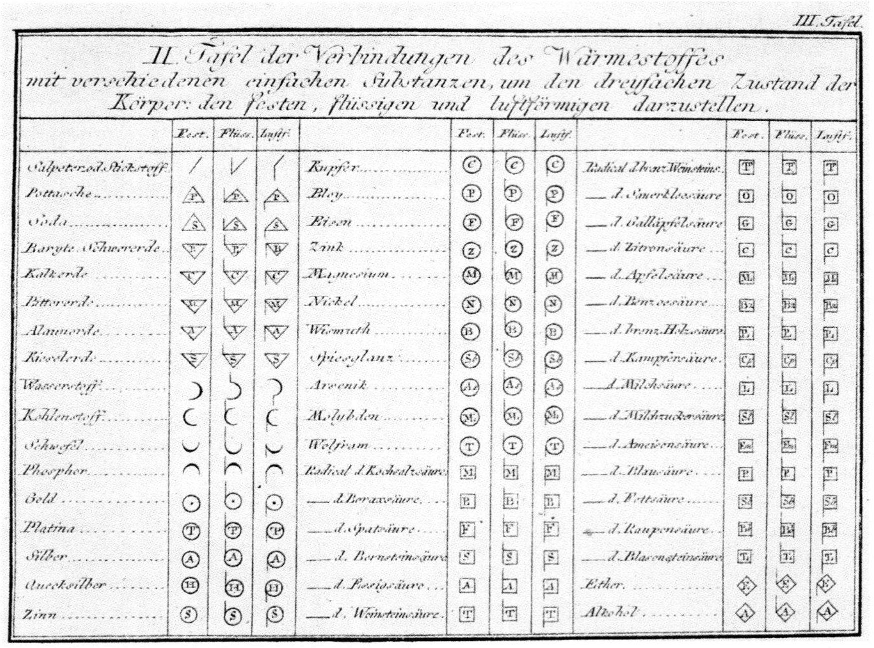

Fig. 8 - *Simboli usati da Lavoisier per designare le sostanze semplici (a differenti gradi di saturazione). Dalla traduzione tedesca (1788) della Méthode de nomenclature chimique (1787).*

duali delle sostanze di una reazione, date appunto dalle figure delle molecole.

Lavoisier aveva certamente letto l'opera di Lucrezio tanto che nella sua biblioteca aveva sia una copia dell'edizione Plantin in latino sia una della traduzione francese di La Grange[72] (fig. 7). Anche se Lucrezio non è mai citato nelle opere scientifiche , come del resto molti altri autori che Lavoisier aveva

letto, in primis Lomonosov, sono numerosi i passi che indirettamente e, come vedremo, direttamente, attestano la sua influenza. In primo luogo Lavoisier è l'autore settecentesco che, dopo Lomonosov, fa uso sistematico e frequente dei termini *atomes* e *molécules* per designare le particelle invisibili che costituiscono le diverse sostanze chimiche. Per Lavoisier esistevano molecole d'acqua, dei sali, degli acidi, dei metalli e di tutte le altre sostanze e ciascuna di queste era dotata di forme e pesi differenti. Tuttavia non era possibile pensare, scriveva nel 1787, che queste molecole potessero essere considerate come le parti ultime della materia: «Nous serions en contradiction avec tout ce que nous venons d'exposer si nous nous livrions à de grandes discussions sur les principes constituants des corps et sur leurs molécules élémentaires. Nous nous contenterons de regarder ici comme simples toutes les substances que nous ne pouvons pas décomposer, tout ce que nous obtenons en dernier résultat par l'analyse chimique. Sans doute un jour ces substances, qui sont simples pour nous, seront décomposées à leur tour, et nous touchons probablement à cette époque pour la terre siliceuse et pour les alcalis fixes; mais notre imagination n'a pas dû devancer les faits, et nous n'avons pas dû en dire plus que la nature ne nous en apprend»[73].

Questa definizione operativa di elemento, pur facendo implicitamente ricorso a una concezione corpuscolarista della materia, preferiva sottolineare l'intrinseca complessità della materia e la probabile esistenza di un numero molto più elevato di particelle elementari di quanto fosse stato creduto nel passato piuttosto che concentrare la propria attenzione sulla forma e natura di questi stessi elementi. Lavoisier infatti aveva in pochi anni elevato il numero delle sostanze

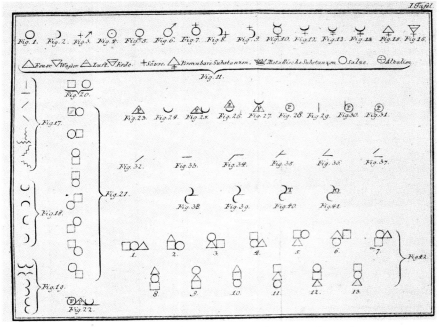

Fig. 9 - *Simboli geometrici usati da Lavoisier per designare le combinazioni tra sostanze semplici. Dalla traduzione tedesca (1788) della Méthode de nomenclature chimique (1787).*

semplici da pochi elementi a 55 sostanze semplici, la cui combinazione dava luogo a quasi 400,000 composti, dilatando così enormemente il perimetro della chimica. In appendice alla *Méthode de nomenclature chimique* Lavoisier, in collaborazione con Hassenfratz e Adet, aveva proposto anche un nuovo sistema di simboli chimici il cui scopo era di esprimere "le nombre, la nature, le rapport de quantité des substances simples qui forment un mixte par leur réunion"[74]. I simboli erano costituiti da figure geometriche, cerchi, triangoli, quadrati (figg. 8-9) dentro i quali era inscritta la lettera iniziale del nome della sostanza designata. Le figure geometriche non erano scelte casualmente, ma designavano il tipo di classe di appartenenza (Sali, acidi, sostanze semplici etc) e, combinate tra loro, davano luogo a delle vere e proprie formule chimiche. Quello che qui interessa sottolineare però è l'associazione, tutta lucreziana, che Lavoisier fa tra sostanze elementari e le lettere che le designano, creando così le basi per una nuova grammatica della materia[75].

Le concezioni di Lavoisier inerenti alla nomenclatura della chimica e gli straordinari risultati analitici che era stato capace di ottenere nel suo laboratorio tra il 1783 e il 1788, erano il frutto di un approccio metodologico che, come abbiamo visto, si imperniava sull'accurata registrazione dei pesi specifici dei reagenti e sull'assunto, ora trasformatosi in principio generale, della conservazione della materia. Nella seconda parte del *Traité élémentaire de chimie* (Paris, 1789), adottando gli stessi criteri quantitativi per spiegare la decomposizione per mezzo della fermentazione vinosa degli ossidi vegetali, così scriveva:

«On voit que, pour arriver à la solution de ces deux questions, il fallait d'abord bien connaître

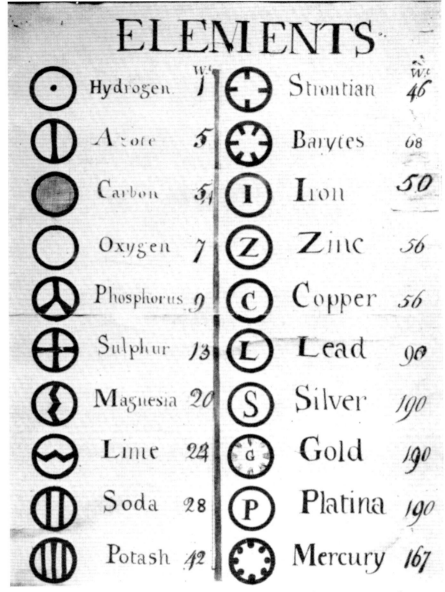

Fig. 10 - Simboli e lettere usati da Dalton per designare le sostanze semplici con i relativi pesi atomici. Manoscritto di appunti delle lezioni conservato presso il Science Museum di Londra.

l'analyse et la nature du corps susceptible de fermenter, et les produits de la fermentation ; car rien ne se crée, ni dans les opérations de l'art, ni dans celles de la nature, et l'on peut poser en principe que, dans toute opération, il y a une égale quantité de matière avant et après l'opération; que la qualité et la quantité des principes est la même, et qu'il n'y a que des changements, des modifications. C'est sur ce principe qu'est fondé tout l'art de faire des expériences

en chimie: on est obligé de supposer dans toutes une véritable égalité ou équation entre les principes du corps qu'on examine et ceux qu'on en retire par l'analyse»[76].

E' superfluo insistere sull'analogia della legge lavoisieriana con quella espressa da Lucrezio e, come abbiamo visto, ripresa già da Bacone. Se mai è sorprendente che solo nel 1789 si fossero comprese a pieno le conseguenze sperimentali e chimiche di un tale assunto e che dopo Lavoisier si sia identifica-

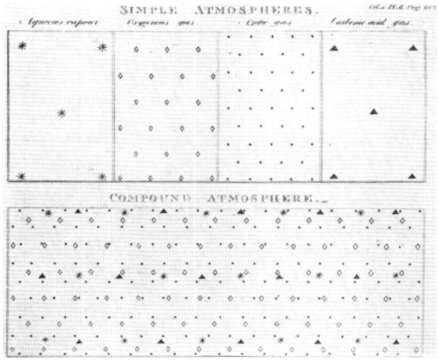

Fig. 11 - Simboli usati da John Dalton per designare le differenti configurazioni della particelle di alcuni gas presenti nell'atmosfera. A New System of Chemical Philosophy (1810).

to esclusivamente con la sua opera una legge molto più antica.

Durante gli ultimi anni della sua carriera scientifica, Lavoisier incominciò a vedere nell'atomismo qualcosa di più che una semplice ipotesi operativa e, influenzato da René Just Haüy e Armand Séguin, entrambi convinti sostenitori di una visione atomistica della materia, si sbilanciava sulle forme geometriche delle molecole elementari:

«La figure des molécules primitives des corps doit encore faire varier les dimensions de cette espace [qu'elles laissent entr'elles], puisqu'il est impossible que des sphères, des tétraèdres, des hexaèdres, des octaèdres, laissent entr'eux des vuides d'une même capacité»[77].

E ancora, in una nota manoscritta dei primi anni '90, sottolineava nel modo che segue l'importanza delle figure delle molecole: «Les molécules primitives des corps sont indivisibles, ce sont des atomes de figures et de grosseurs déterminées qu'il

n'est plus possible de diviser. [...] A quelques degré de division qu'on porte les molécules de la matière on ne peut la concevoir qu'avec ses trois dimensions: longueur, largeur et profondeur. De plus on ne peut concevoir un corps que circonscrit dans un espace quelconque et cet espace est nécessairement limité par sa surface. C'est le rapport de ces trois dimensions, longueur, largeur et profondeur et la disposition des surfaces qui le circonscrivent, qui constituent la figure des corps»[78].

La fine improvvisa di Lavoisier, ghigliottinato l'8 maggio 1794, non gli permise di rendere pubbliche, se non in forma frammentaria, queste ultime riflessioni sull'atomismo chimico.

All'inizio del diciannovesimo secolo il *De rerum natura* non costituiva più una fonte autorevole per coloro, si pensi a Dalton e Berzelius, che volevano esplorare le possibilità dell'atomismo nella chimica. Le opere di Boyle, Lomo-

nosov, Lavoisier e di altri autori che da Lucrezio avevano tratto non poca ispirazione avevano ormai formato una base di nozioni sufficiente a dare impulso, in modo del tutto autonomo, a un "nuovo" atomismo chimico. E tuttavia, la determinazione di Dalton e Berzelius dei pesi atomici permetteva la realizzazione dell'antichissimo sogno di rappresentare per mezzo di semplici simboli e formule le combinazioni chimiche[79]. Grazie alla nozione di peso atomico gli atomi assumevano un'identità veramente quantitativa e Dalton poteva illustrare iconograficamente le reazioni chimiche del mondo macroscopico rivendicando all'atomo una realtà che fino ad allora era rimasta appannaggio dell'immaginazione (figg. 10-11). Attraverso il peso, gli atomi diventavano lettere non convenzionali e la chimica una grammatica rigorosamente fondata. In questa rivoluzione, destinata ad affermarsi definitivamente con la riscoperta dell'opera di Amedeo Avogadro, l'opera di Lucrezio cadde, molto rapidamente, nell'oblio più profondo. Del resto è una caratteristica tipica della scienza moderna quella di rendere invisibili le tracce della propria storia.

Possiamo, dunque, concludere questo breve excursus con le parole di Aldophe Wurtz, uno dei principali protagonisti del revival dell'atomismo ottocentesco, il quale fissava la nascita dell'atomo chimico con l'opera di John Dalton[80], il primo autore che non aveva avuto più bisogno di ricorrere all'antichità:

«L'hypothèse des atomes, énoncée par les philosophes grecs, renouvelée dans les temps modernes par de grands penseurs, à reçu une forme précise au commencement de ce siècle. John Dalton l'a appliquée le premier à l'interprétation des lois qui président aux combinaisons chimiques»[81].

*beretta@philo.unibo.it

NOTE

[1] LUCREZIO, *De rerum natura* II, 686-699. Per tutte le citazioni che seguono se non menzionato altrimenti, ho usato la seguente edizione: *De rerum natura*. A cura (e traduzione) di Armando Fellin, Torino, UTET, 1997, d'ora in avanti abbreviata con la sigla *DRN*. Pur riferendomi per ragioni di economia al solo Lucrezio, è ovvio che il nucleo dell'atomismo e delle principali argomentazioni avanzate per sostenerlo è da ricondurre a Epicuro.

[2] Sulla fortuna di questa analogia si veda DIONIGI 2005.

[3] *DRN*, I, vv. 823-826, II, vv. 1013-1022.

[4] LUCREZIO, *DRN*, II, vv. 389-394 e vv. 402-407.

[5] IBID., II, vv. 426-434, 451-452.

[6] IBID., II, vv. 487-90. Mi pare meno corretta la traduzione del Bailey, guidata forse dalla lettura di Carlo Giussani, che rende il verso 488 in questo modo: "Placing them at top and bottom, *transferring* right to left" (corsivo mio), vedi BAILEY 1947, vol. 2, p. 884.

[7] Il termine, le cui occorrenze sono comunque rarissime, venne poi usato dal medico stoico Philumenus Medicus (III sec. d.C.) con lo stesso significato.

[8] Un esame critico di queste dottrine è contenuto nel I libro del *DRN* (vv. 635-920). Su questo tema vedi PIAZZI 2005.

[9] LUCREZIO, *DRN*, II, vv. 583-588.

[10] ROMANO 1998, pp. 122-123.

[11] Nella sua critica idealista dell'atomismo classico Vittorio Enzo Alfieri ha cercato di minimizzare le differenze tra l'atomo-idea di Democrito e i *semina* di Lucrezio. Se, quanto al primo, poteva scrivere con qualche fondamento che "la definizione di atomo come forma sorge su una visione non puramente aritmetica ma geometrica della realtà, una visione in cui la forma come dato astrattamente concettuale rappresenta il depotenziamento, e la riduzione al generico, di ciò che l'esperienza presenta come infinitamente vario e contingente e specificatamente differenziato" (ALFIERI 1979, p. 18), relativamente a Lucrezio non ha colto lo sforzo compiuto dal poeta latino di adattare la cangiante evoluzione della natura osservabile a un mondo microscopico altrettanto dinamico e differenziato, definito nella sua ricchezza grazie all'introduzione dei *semina* e delle loro molteplici forme, moti e configurazioni.

[12] Sul misto in Vitruvio e Plinio si veda il già citato saggio di ROMANO 1998.

[13] E' strano come un attento studioso di storia della chimica quale Pierre Duhem abbia sostenuto che la concezione del misto sostenuta da Lucrezio era decisamente più lontana dai parametri della chimica moderna di quanto lo fosse la teoria della materia aristotelica. Si veda DUHEM 1985, pp. 11-15.

[14] Sull'influenza di questo testo sulla chimica medievale e moderna si vedano VIANO 2002 e NEWMAN 2006.

[15] Ho dato un contributo preliminare a queste ricerche in BERETTA 2003 pp. 129-154 e in BERETTA 2008, in stampa.

[16] "Lucretio nel terzo delle cose naturali// le mani, unghie e denti furono le armi degli antichi", in RICHTER 1883, vol. 2, p. 450. In realtà i passi relativi agli usi degli uomini primitivi sono descritti da Lucrezio nel VI libro del *DRN* (vv 960 e ss.).

[17] "Anassagora: ogni cosa vien da ogni cosa, ed ogni cosa si fa ogni cosa, e ogni cosa torna in ogni cosa; perché ciò ch'è nelli elementi è fatto da essi elementi", in RICHTER 1883, vol. 2, p. 445.

[18] RICHTER 1883, vol. 2, p. 301.

[19] Sulle vicissitudini del manoscritto scoperto da Poggio Bracciolini nel 1417 e diffuso a Firenze dall'amico Niccolò Niccoli nel 1437 si veda REEVE 1980, pp. 27-48.

[20] E' interessante ricordare un'episodio della vita di Botticelli, riportato dal Vasari (VASARI 1809, vol. 6, p. 160), che illustra il grado di diffusione delle dottrine epicuree nel periodo: "Raccontasi ancora che Sandro accusò per burla un amico suo di eresia al Vicario, e che colui comparendo dimandò chi l'aveva accusato e di che; per che essendogli detto che Sandro era stato, il quale diceva che egli teneva l'opinione degli Epicurei e che l'anima morisse col corpo, volle vedere l'acusatore dinanzi al giudice; onde, Sandro comparso, disse: «Egli è vero che io ho questa opinione dell'anima di costui, che è una bestia; oltre ciò non pare a voi che sia eretico, poi che senza avere lettere o apena saper leggere comenta Dante e mentova il suo nome invano ?»."

[21] Lucrezio 1511.

[22] BIRNGUCCIO 1540, c. 9v

[23] BERNARDONI 2006.

[24] *DRN*, II, v. 833; III, vv. 665, 708; IV, vv. 261, 776.

[25] "Come so che intendete dele cose tutte che quel sommo Iddio ha propriamente, o per suo ordine la natura in questo mondo create, anchor che sieno attomi o piocholi vermi nisuna ne stata produtta senza qualche particular dota, laquale in se in ogni cosa come vi e non sempre la discerniamo ne la causa il difetto della vista, del nostro poco sapere & di mancho pensare accuratamente di dover cercare le cose occulte..." BIRNGUCCIO 1540, c. 36v.

[26] Nel citato lavoro di BERNARDONI 2006.

[27] Una copia manoscritta del poema lucreziano appartenuta a Varchi è conservata presso la Biblioteca Nazionale Mediceo Laurenziana. Segnatura: Laur. 35.31.

[28] Varchi aveva scritto, durante i primissimi anni '30, un breve saggio intitolato *Si l'archemia è vera o no* rimasto inedito fino al 1827 quando fu pubblicato da Moreni (MORENI 1827). Sui rapporti tra Varchi e Biringuccio si vedano i saggi di Perifano (PERIFANO 1987, pp. 181-208 e PERIFANO 1997, pp. 91-99).

[29] *DRN*, V, vv. 1241-1257.

[30] MEINEL 1988, pp. 68-103.

[31] LASSWITZ 1926, vol. 1. pp. 436-454; PARTINGTON 1961, vol. 2, p. 270-271, ma vedi ora CLERICUZIO 2000, pp. 23-33.

[32] REES 1980, pp. 549-571.

[33] L'influenza di Lucrezio su Bacone è stata studiata nel dettaglio da GEMELLI 1996.

[34] Termine derivato da Lucrezio.

[35] Cfr. *DRN*, I, vv. 149-150.

[36] Cfr. *DRN*, I, vv. 215-216.

[37] BACON 1858, p. 197, la versione originale latina del passo citato è nel primo volume della stessa edizione a p. 311.

[38] BACON 1858, vol. 4, p. 197.

[39] "Non est vacuum in natura, nec congregatum nec intermistum", Francis Bacon, *Historia densi et rari*, in BACON 1858, vol. 2, p. 303.

[40] Su questa ed altre edizioni del *DRN* curate da naturalisti e scienziati si veda BERETTA 2008, in stampa.

[41] Su Boyle e l'atomismo la letteratura è amplissima. Oltre al citato CLERICUZIO 2000, si veda CLERICUZIO 2001, pp. 467-482. L'idea, poco convincente, di un atomismo chimico estraneo alla tradizione epicurea è sostenuta da Newman (NEWMAN 2006).

[42] BOYLE 1772, vol. 1, p.180.

[43] BOYLE 1999, vol. 2, p. 345.

[44] IBID., vol. 2, p. 354.

[45] BOYLE 2005.

[46] Sulla lettura attenta di Lucrezio sia da parte di Boyle, sia da parte di Hobbes durante la loro disputa sulla natura del vuoto si veda SHAPIN – SCHAFFER 1985, pp. 382-387.

[47] HINE 1995, pp. 728-741.

[48] NEWTON 1979, p. 400.

[49] Su questa importantissima distinzione che, di fatto, separa la fisica dalla chimica si vedano le penetranti osservazioni di Arnold Thackray (THACKRAY 1970).

[50] KEILL 1708, pp. 61-61, citato in THACKRAY 1970, p. 70.

[51] Lucrezio si mantiene sul vago sul numero delle forme atomiche enumerando solo atomi lisci, rotondi, sottili, uncinati e dentati.

[52] "Comme one ne peut pas mieux expliquer la nature d'une chose aussi cachée que l'est celle d'un sel, qu'en attribuant aux parties qui le composent des figures qui répondent à tous les effets qu'il produit, je dirai que l'acidité d'une liqueur consiste dans des particules de sel pointues, lesquelles sont en agitation ; & je ne crois pas qu'on me conteste que l'acide n'ait des pointes, puisque toutes les expériences le montrent." LÉMERY 1757, p.17.

[53] HARTSOEKER 1706, Avertissement.

[54] E' molto sorprendente che queste immagini, davvero uniche nella storia dell'illustrazione scientifica, siano state ignorate da C. Lüthy, (LÜTHY 2003, pp. 117-138) il quale, ancora più sorprendentemente, trascura di prendere in considerazione la tradizione chimica che ha mantenuto costantemente acceso il dibattito sulla natura e la forma degli atomi.

[55] HARTSOEKER, *cit.*, p. 102.

[56] LOMONOSOV 1950-1983 vol.5, p. 441 e 696.

[57] "Chymia est scientia mutationum, quae fiunt in corpopore mixto, quatenus mixtum est", LOMONOSOV, *cit.,* vol. 1, p. 67.

[58] "Perpetua generatio et desctructio corporum satis abunde loquitur motum corpuscolorum" LOMONOSOV, *cit.,* vol. 1, p. 146.

[59] "Particulae corporum solidorum, praesertim duriorum inorganicorum, tam arcto nexu vinctae deprehenduntur, ut vi externae eas dividenti admodum resistano. LOMONOSOV, *cit.,* vol. 2, p. 16.

[60] "Quondam extensio particularum physicarum insensibilium tam esigua est, [ut] sub visum non cadat, consequenter est finita atque adeo particulae insensibiles physicae habent figuram [...] Particulae insensibiles physicae singulae sunt vi intertiae praeditae". LOMONOSOV, *cit.,* vol. 1, p. 202.

[61] Ibid., p. 212

[62] "Particulis insen[sibilibus] phys[icis] trasnpositis qualitates particularis mutantur. Consequenter qualitates particulares dependent etiam a situ particularum insensibilium physicarum, adeoque corpora, quorum particulae insensibiles physicae situ differunt, differunt etiam qualitatibus particularibus a situ illarum pendentibus". LOMONOSOV, *cit.,* vol. 1, p. 212.

[63] LANGEVIN 1967, p. 102.

[64] LOMONOSOV, *cit.,* vol. 1, pp. 206-229.

[65] LOMONOSOV, *cit.,* vol. 2, p. 10.

[66] "Calorem consistere in motu materiae intestino", *Ibid.*

[67] "Densitatem materiae corporum cohaerentis proportionalem esse eorun-

dem gravitati". LOMONOSOV, *cit.,* vol. 2, p. 172.

[68] LOMONOSOV, *cit.,* vol. 1, p. 391. Su questi esperimenti vedi Leicester 1967, pp. 240-244.

[69] Su questi lavori si veda LEICESTER 1970, pp. 1-48.

[70] BERETTA 1995.

[71] LAVOISIER 1768 in, Id. 1862-1893, vol. 3, p. 168. La memoria era stata presentata da Lavoisier all'Académie il 28 marzo 1768.

[72] *Titi Lvcretii Cari De rerum natvra libri sex, ad postremam Oberti Gifanii Ic. emendationem accuratissimè restituti. Quae praetereà in hoc opere sint praestita, pagina post dedicationem indicabit* (Lvgdvni Batavorvm: ex officina Plantiniana, apud Franciscum Raphelengium, 1595); *Lucrèce, traduction nouvelle, avec des notes, par M. L* G*** (Paris: Bleuet, 1768) 2 voll.

[73] *Méthode de nomenclature chimique* (Paris: Cuchet, 1787) pubblicato in LAVOISIER 1862-1893, vol. 5, p. 361. Nel discorso preliminare al *Traité élémentaire de chimie,* pubblicato due anni dopo, Lavoisier, riprendeva la stessa definzione aggiungendo le seguenti precisazioni: "Tout ce qu'on peut dire sur le nombre et sur la nature des éléments se borne, suivant moi, à des discussions purement métaphysiques : ce sont des problèmes indéterminés qu'on se propose de résoudre, qui sont susceptibles dune infinité de solutions, mais dont il est très-probable qu'aucune en particulier n'est d'accord avec la nature. Je me contenterai donc de dire que, si par le nom d'éléments nous entendons désigner les molécules simples et indivisibles qui composent les corps, il est probable que nous ne les connaissons pas : que, si, au con-

traire, nous attachons au nom d'éléments ou de principes des corps l'idée du dernier terme auquel parvient l'analyse, toutes les substances que nous n'avons encore pu décomposer par aucun moyen sont pour nous des éléments". [74] LAVOISIER 1789 vol. 1, p. xvii.

[75] LAVOISIER ET AL. 1787, p. 256.

[76] Ho affrontato questa rivoluzione linguistica in BERETTA 1993.

[77] LAVOISIER 1789, vol. 1, pp. 140-141.

[78] LAVOISIER 1805, vol. 1, p. 7. Sulla concezione atomistica di Lavoisier tra il 1792 il 1793 vedi BERETTA 2001, pp. 327-356.

[79] Archives de l'Académie des Sciences – Paris. Dossier Lavoisier 1260.

[80] Dalton costruì le basi dell'atomismo chimico partendo essenzialmente dalla lettura delle opere di Newton e Lavoisier e indirettamente, dunque, su nozioni che affondavano le radici nell'atomismo lucreziano. Sulla genealogia dell'atomismo daltoniano si veda il citato studio di Arnold Thackray, *Atoms and Powers* ove il nome di Lucrezio non compare. Anche Frank Greenaway (GREENAWAY 1966), pur mettendo in rilievo nel capitolo introduttivo alcuni aspetti originali dell'atomismo lucreziano, li tratta come il prodromo di una preistoria priva di relazione con la teoria atomica del naturalista inglese.

[81] Adolphe Wurtz (WURTZ 1879, p. 1). In coerenza con questo giudizio le principali storie dell'atomismo chimico ottocentesco non fanno alcun riferimento all'opera di Lucrezio e ai tentativi di attualizzarne la filosofia che abbiamo brevemente delineato in questo saggio. Si veda per tutti l'importante opera di Alan J. Rocke (ROCKE 1984).

BIBLIOGRAFIA

ALFIERI 1979 = V. E. ALFIERI, *Atomos Idea. L'origine del concetto di atomo nel pensiero greco,* (Nuova edizione riveduta), Galatina 1979..

BACON 1858 = F. BACON, *The Works. Collected and Edited by James Spedding, Robert Leslie Ellis and Douglas Denon Heath,* London 1858-1874, 14 voll.

BAILEY 1947 = *Ttiti Lucreti Cari De rerum natura libri sex. Edited with Prolegomena, Critical Apparatus, Translation and Commentary by Cyril Bailey,* Oxford 1947, 3 voll.

BERETTA 1993 = M. BERETTA, *The Enlightenment of Matter. The Definition of Chemistry from Agricola to Lavoisier,* Canton Massachusetts., 1993.

BERETTA 1995 = M. BERETTA, *Bibliotheca Lavoisieriana. The Catalogue of the Library of Antoine Laurent Lavoisier,* Firenze 1995.

BERETTA 2001 = M. BERETTA, *Lavoisier and his Last Printed Work: the Mémoires de physique et de chimie (1805),* in *Annals of Science,* 58, 4, 2001, pp. 327-356.

BERETTA 2003 = M.BERETTA, *The Revival of Lucretian Atomism and Contagious Diseases during the Renaissance,* in *Medicina nei Secoli. Arte e Scienza,* 15, 2, 2003 , pp. 129-154.

BERETTA 2007 = M. BERETTA, *Gli scienziati e l'edizione del De rerum natura,* in M. BERETTA – F. CITTI (a cura di), *Lucrezio, la natura e la scienza,* Firenze 2008, in stampa.

BERNARDONI 2006 = A. BERNARDONI, *Il De la pirotechia di Vannoccio Biringuccio e la (ri)nascita dell'ingegneria del fuoco,* Tesi di dottorato in Storia della Scienza, Università di Firenze 2006.

BIRINGUCCIO 1540 = BIRINGUCCIO, *De la pirotechnia,* Venezia 1540.

BOYLE 1772 = R. BOYLE, *Works,* London 1772, 6 voll.

BOYLE 1999 = *The Works of Robert Boyle. Edited by Michael Hunter and Edward B. Davis,* London 1999-2000, 14 voll..

BOYLE 2005 = *Boyle on Atheism. Transcribed and Edited by J. J. MacIntosh,* Toronto 2005.

CLERICUZIO 2000 = A. CLERICUZIO, *Elements, Principles and Corpuscles. A Study of Atomism and Chemistry in the Seventeenth Century,* Dordrecht 2000.

CLERICUZIO 2001 = A. CLERICUZIO, *Gassendi, Charleton and Boyle on Matter and Motion,* in CH. LÜTHY-J.E. MURDOCH-W.R. NEWMAN (eds), *Late Medieval and Early Modern Corpuscolar Matter Theories,* Leiden 2001, pp. 467-482.

DIONIGI 2005 = I. DIONIGI, *Lucrezio. Le parole e le cose,* (3ª ed. accresciuta), Bologna 2005.

DUHEM 1985 = P. DUHEM, *Le mixte e la combinaison chimique. Essai sur l'évolution d'une idée,* Paris 1985, pp. 11-15 (1ª edizione Paris 1902).

GEMELLI 1996 = B. GEMELLI, *Aspetti dell'atomismo classico nella filosofia di Francis Bacon e nel Seicento, Firenze 1996.

GREENAWAY 1966 = F. GREENAWAY, John Dalton and the atom, London 1966.

HARTSOEKER 1706 = N. HARTSOEKER, Conjectures physiques, Amsterdam 1706.

HINE 1995 = W.L. HINE, Inertia and Scientific Law in Sixteenth Century Commentaries on Lucretius, in Renaissance Quarterly, 48, 1995, pp. 728-741.

KEILL 1708 = J. KEILL, An Account of animal secretion, the quantity of blood in the human body, and muscular motion, London 1708.

LANGEVIN 1967 = L. LANGEVIN, Lomonosov 1711-1765. Sa vie son œuvre, Paris 1967, p. 102.

LASSWITZ 1926 = K. LASSWITZ, Geschichte der Atomistik von Mittelalter bis Newton, Zweite Auflage, Leipzig 1926, 2 voll.

LAVOISIER 1768 = A. L. LAVOISIER, De la nature des eaux d'une partie de la Franch-Comté, de l'Alsace, de la Lorraine, de la Champagne, de la Brie et du Valois, 1768, in A. LAVOISIER, Œuvres, vol. 3, Paris, 1865, p. 168.

LAVOISIER ET AL. 1787 = A. L. Lavoisier et alii, Méthode de nomenclature chimique, Paris 1787.

LAVOISIER 1789 = A. L. LAVOISIER, Traité élémentaire de chimie, Paris 1789, 2 voll.

LAVOISIER 1805 = A. L. LAVOISIER, Vues générales sur le calorique in Lavoisier & Séguin, Mémoires de physique et de chimie, [1793], Paris, 1805, vol. 1.

LAVOISIER 1892 = A. L. LAVOISIER, Œuvres, Paris 1862-1893, 6 voll.

LEICESTER 1967 = H. M. LEICESTER, Boyle, Lomonosov, Lavoisier and the Corpuscular Theory of Matter, in Isis, 58, 1967, pp. 240-244.

LEICESTER 1970 = H. M. LEICESTER (ed.), Mikhail Vasil'evich Lomonosov on the Corpuscular Theory, Cambridge Massachusetts. 1970, pp. 1-48.

LÉMERY 1757 = N. LÉMERY, Cours de Chymie, Paris 1757, p.17.

LOMONOSOV 1954 = M. LOMONOSOV, Polnoe Sobranie So ienij, Moskva-Leningrad 1950-1983, 11 voll.

LUCREZIO 1511 = In Carum Lucretium poetam Commentarii a Joanne Baptista Pio editi, codice Lucretiano diligenter emendato, Bononiae 1511.

LÜTHY 2003 = CH. LÜTHY, The invention of atomist iconography in W. Lefèvre-J. RENN-U. SCHOEPFLIN (eds.), The power of images in early modern science, Basel 2003, pp. 117-138.

MEINEL 1988 = CH. MEINEL, Early Seventeenth Century Atomism. Theory, Epistemology, and the Insufficiency of Experiment, in Isis, 79, 1988, pp. 68-103.

MORENI 1827 = D. MORENI, Questione sull'alchimia, Firenze 1827.

NEWMAN 2006 = W. R. NEWMAN, Atoms and Alchemy: Chymistry and the experimental Origins of the Scientific Revolution, Chicago 2006.

NEWTON 1979 = I. NEWTON, Opticks, ed. by I. B. Cohen, New York 1979.

PARTINGTON 1961 = J. R. PARTINGTON, A History of Chemistry, London 1961 vol. 2.

PERIFANO 1987 = A. PERIFANO, Benedetto Varchi et l'alchimie. Une analyse de la Questione sull'alchimia, in Chrysopoeia, 1, 1987, pp. 181-208.

PERIFANO 1997 = A. PERIFANO fano, L'alchimie à la Cour de Côme Ier de Médicis: savois, culture et politique, Paris 1997.

PIAZZI 2005 = L. PIAZZI, Lucrezio e i Presocratici. Un commento a De rerum natura 1, 635-920, Pisa 2005.

REES 1980 = G. REES, Atomism and Subtelty in Francis Bacon, in Annals of Science, 37, 1980, pp. 549-571.

REEVE 1980 = M. D. REEVE, The Italian Tradition of Lucretius, in Italia Medioevale e umanistica, 23, 1980, pp. 27-48.

RICHTER 1883 = J. P. RICHTER (a cura di), The Literary Works of Leonardo da Vinci. Compiled and Edited from the Original Manuscripts, London 1883, 2 voll.

ROCKE 1984 = A.J. ROCKE, Chemical Atomism in the Nineteenth Century. From Dalton to Cannizzaro, Columbus 1984.

ROMANO 1998 = E. ROMANO, I colori artificiali e le origini della chimica in G. ARGOUD-J.Y. GUILLAUMIN (a cura di), Sciences exactes et sciences appliqués à Alexandrie, Saint-Etienne 1998, pp. 122-123.

SHAPIN–SHAFFER 1985 = S. SHAPIN-S. SCHAFFER, Leviathan and the Air Pump. Hobbes, Boyle, and the Experimental Life, Princeton 1985.

THACKRAY 1970 = A. THACKRAY, Atoms and Powers. An Essay on Newtonian Matter-Theory and the Development of Chemistry, Cambridge Massachusetts. 1970.

VASARI 1809 = G. VASARI, Vite de' più eccellenti pittori scultori e architetti, Milano 1809, vol. 6, p. 160.

VIANO 2002 = C. VIANO (a cura di), Aristoteles chemicus: il IV libro dei Meteorologica nella tradizione antica e medievale, Sankt Augustin 2002.

WURTZ 1879 = A. WURTZ, La théorie atomique. Précédée d'une introduction sur la vie et les travaux de l'auteur par Ch. Friedel, Paris 1879.

Biblioteche e trasmissione del sapere a Roma

di

*Mario Bartelletti - Carlo Slavich**

ABSTRACT

While Hellenistic libraries were private institutions and only a few scholars could be introduced, with a meaningful shift, in the roman world many libraries were public spaces where everyone could read and learn. The institution of schools, a good number of people capable of reading and writing are the precondition for the impressive increase of libraries in Rome. A new cultural attitude and curiosity in the knowledge of the enormous Roman world are the key passages to understand the organisation of the typical Roman library, a new kind of building containing separated spaces devoted to preserve Greek and Latin literature.
It is not easy to estimate the presence of scientific and technological texts into the libraries of ancient Rome: anyway, scientific and technological knowledge became a fundamental step in the organization of the basic culture, still depending on the Greek concept of enkyklios paideia *and the Latin* artes liberales: *roman libraries were the expression of this organization.*

L'origine dell'istituzione di biblioteche pubbliche a Roma - e di conseguenza nel resto dell'impero - è ricostruibile solo nelle sue linee generali: un progetto ideato da Cesare[1] nei suoi ultimi anni e non realizzato, verrà portato a compimento pochi anni dopo dal suo generale Asinio Pollione, non oltre il 28 a.C. Questa biblioteca destinata a raccogliere - secondo quello che sarà il modello universale anche nei secoli successivi – una sezione Latina e una Greca, era verosimilmente collocata nell'*Atrium Libertatis*, in prossimità del Foro[2]. Alla biblioteca di Pollione fecero immediatamente seguito, in Roma, altre due biblioteche fondate da Augusto[3], che diedero il via a una lunga serie di analoghe fondazioni ad opera di molti dei suoi successori. I *regionari* attestano per il IV secolo d.C. un numero di 28 biblioteche, di cui sei, oltre quelle già menzionate, sono note archeologicamente o attraverso riferimenti letterari[4]. Tra queste merita un cenno particolare la biblioteca Ulpia, fondata da Traiano all'interno del Foro monumentale che porta il suo nome; essa s'impone alla nostra attenzione perché è fra le più citate dalle fonti, perché la sua utilizzazione non sembra conoscere interruzioni sino alla più tarda antichità e soprattutto perché ne rimangono ancor oggi ampi resti (uno dei due edifici che la costituiscono è stato oggetto di scavi), che costituiscono un buon esempio della tipologia architettonica più largamente diffusa[5]. La proliferazione delle biblioteche pubbliche non si arrestò tuttavia alla sola capitale: il I e il II sec. d.C. videro la nascita di analoghe istituzioni un po' in tutta l'Italia, spesso anche in centri di minore importanza; siamo informati di biblioteche pubbliche a *Derthona, Suessa, Comum*, per ricordarne solo alcune; si trattava certamente di edifici spesso di minori pretese, frutto talvolta dell'attenzione di membri della famiglia imperiale, ma più spesso dello zelo di notabili locali, sulle cui motivazioni torneremo fra poco[6]. Per quanto riguarda le province dell'impero, il fenomeno ebbe dimensioni comprensibilmente maggiori nell'area di lingua greca, dove l'istituzione biblioteca aveva avuto origine (gli imperatori romani non fecero che imitare l'esercizio dei sovrani ellenistici) ed era piuttosto diffusa a livello cittadino già prima della conquista romana; ad ogni modo, una nuova fioritura si registra approssimativamente nello stesso periodo in cui le biblioteche si moltiplicarono in Italia. Le attestazioni nelle province occidentali sono molto più rare, e provengono dall'Africa (Cartagine, II secolo d.C.), dalla Numidia (Timgad, III secolo d.C.), dalla Macedonia adriatica (la colonia romana di *Dyrrachium*, II secolo d.C.).

Le nostre informazioni sull'amministrazione e l'organizzazione delle biblioteche sono piuttosto frammentarie: un pugno di iscrizioni ci tramanda i nomi e le carriere di procuratori imperiali preposti alle biblioteche, ma poco ci aiuta nel chiarire il loro effettivo funzionamento. In origine sembra che ogni biblioteca di Roma avesse un suo curatore, anche se non si può sempre agevolmente distinguere fra chi era chiamato ad allestire una nuova fondazione e chi solo ad amministrarla. Già in età tiberiana però compare un incaricato *supra bibliothechas omnes Augustorum,* espressione che indica una giurisdizione su tutte le biblioteche. Sotto Claudio fa la sua prima comparsa il *procurator bibliothecarum,* incarico che in seguito apparirà con una certa frequenza e che sarà rivestito anche da Svetonio. Nella prima metà del II secolo un nuovo cambiamento sembra riportare il sistema a una situazione simile a quella dell'età augustea, con uno smembramento delle competenze fra due o più *procuratores* e una conseguente riduzione del loro rango e della loro retribuzione al gradino più basso dell'amministrazione equestre[7].

Per quanto riguarda il funzionamento quotidiano delle biblioteche dipendiamo in buona parte da informazioni sporadiche, che potrebbero non avere valore universale. In generale i libri erano contenuti entro armadi a vista, inseriti in apposite nicchie che si aprivano sui muri dell'edificio, ed erano a portata di mano degli utenti, sia pure con la mediazione del bibliotecario; l'accesso era facilitato da cataloghi (*indices*) sulla cui forma torneremo in seguito. Un'iscrizione proveniente da una piccola biblioteca ateniese riporta l'orario d'apertura, dalla prima alla sesta ora[8] e addirittura una formula di giuramento che impegnava i frequentatori a non rubare i volumi. Almeno presso alcune biblioteche era possibile ottenere i libri in prestito[9].

Ancor più inadeguate si mostrano le fonti di fronte al complesso e variegato problema della funzione delle biblioteche pubbliche e dei loro reali fruitori. Le uniche notizie in merito fanno riferimento quasi esclusivamente a una sola (e numericamente ristrettissima) categoria di utenti, cioè scrittori ed eruditi; ma queste indicazioni potrebbero essere fuorvianti, dal momento che gli estensori sono a loro volta scrittori ed eruditi, che per lo più parlano di se stessi. Le dimensioni e la complessità del problema sfuggono alla portata di questo lavoro; vorremmo però mettere in guardia dalla tentazione di spiegare la proliferazione delle biblioteche a Roma come una sorta di prodotto aritmetico di quelle "accresciute esigenze di cultura scritta", che indubbiamente scaturirono dal grande processo di acculturazione conosciuto dalla civiltà romana tra il II e il I secolo a.C.[10]; senza assolutamente voler istituire improponibili paragoni col mondo moderno, pure ci possono tornare utili un paio d'osservazioni tratte dalla nostra esperienza diretta e quotidiana: innanzitutto il fatto che un certo numero di persone consumi letteratura non implica affatto alcun utilizzo, regolare o saltuario, della biblioteca pubblica; in secondo luogo, ma forse ancora più importante, la biblioteca non è soltanto un servizio pubblico, ma anche e soprattutto una rappresentazione della cultura della comunità cui appartiene. A Roma, ogni biblioteca è un monumento alla civiltà romana, anche nel senso della sua pari dignità culturale con quella greca; nelle comunità italiche o provinciali, diventa un monumento alla loro *urbanitas* o alla loro romanizzazione; nelle province di lingua greca, è una patente di grecità. Al tempo stesso, la donazione di una biblioteca è sempre, o quasi, un atto evergetico dell'imperatore, del patrono, di un notabile provinciale; e l'evergetismo, specialmente quando si esprime nell'edilizia pubblica, ha spesso a che fare più con le istanze di autorappresentazione del donatore che con i reali bisogni della cittadinanza[11]. Un fattore determinante nella diffusione delle biblioteche, in effetti, dovette essere il desiderio di imitare l'esempio dato dal principe: la loro assai precoce comparsa in zone periferiche potrebbe ben collegarsi alle prime fondazioni augustee in Roma, così come la fioritura che si riscontra nella prima metà del II secolo è stata messa in relazione da S. Settis con l'impatto della costruzione della biblioteca Ulpia, e delle sue particolari valenze simboliche[12]. A Roma i principi emularono i principi, e ciò giustifica il numero delle biblioteche romane molto meglio di quanto non lo faccia l'idea di una continua espansione delle "esigenze di cultura scritta". Insomma, sulla diffusione delle biblioteche incisero diversi fattori che senza dubbio presuppongono un riconoscimento collettivo del valore simbolico della letteratura (e non è poco) ma non la presenza, ovunque una biblioteca sia sorta, di un vasto pubblico pronto a farne uso.

LE BIBLIOTECHE E LA TRASMISSIONE DEL SAPERE: ALCUNE CONSIDERAZIONI.

L'"invenzione" della biblioteca nel mondo occidentale coincide storicamente con una straordinaria rivoluzione, e in un certo senso si identifica con essa: fu Aristotele, il fondatore del paradigma scientifico destinato a spadroneggiare in Occidente (e non solo) fino al XVII secolo, il "primo, per quanto ne sappiamo, che raccolse libri, e colui che insegnò ai sovrani d'Egitto come si organizza una biblioteca"[13]. Che sia stato proprio Aristotele a insegnare ai re d'Egitto come si organizza una biblioteca è storicamente inesatto, ma poco importa: la prima grande biblioteca del mondo antico, costruita ad Alessandria per volere del secondo re dell'Egitto ellenistico Tolomeo II Filadelfo (285-246 a.C.), prendeva direttamente a modello la raccolta dei libri del Peripato, che in buona parte finì per incorporare[14]. Poiché i sovrani delle altre grandi monarchie ellenistiche imitarono pedissequamente a loro volta l'esempio di Tolomeo, l'"insegnamento" aristotelico finì per plasmare a propria immagine l'istituzione-biblioteca nel mondo antico.

Il sapere aristotelico è universale e analitico: il suo oggetto è la realtà nella sua multiforme interezza, quindi esso comprende in sé ogni genere di conoscenza. Il fine ideale cui tendeva la biblioteca di Alessandria era raccogliere *tutti i libri del mondo conosciuto*, il che significava non soltanto ogni tipo di dottrina, ma le diverse dottrine di tutti i popoli: a tale scopo fu mobilitato uno stuolo di traduttori che rese disponibili agli eruditi del Museo testi ebraici, persiani, aramaici etc.[15]. Era inevitabile, anche solo per ragioni economiche, che questo carattere autenticamente universalistico dell'archetipo alessandrino si perdesse con la sua riproduzione su scala inferiore. Le pretese delle piccole e medie biblioteche del mondo ellenistico si limitavano probabilmente al sapere dei Greci, la *paideia*. Dal canto loro le biblioteche romane erano strutturate in modo tale da realizzare anche architettonicamente, con l'accostamento di due ambienti uguali e distinti, la geminazione tra la cultura dei Greci e quella di Roma: anche in questo caso, l'universalismo si arrestava sul *limes* dell'impero. Ciò che in apparenza non venne mai meno al modello "aristotelico", invece, fu la dimensione enciclopedica, l'ambizione a contenere, o perlomeno a compendiare, il sapere dei Greci e

dei Romani nella sua totalità.

L'organizzazione della conoscenza in diversi comparti, che Aristotele aveva teorizzato come necessità metodologica dell'indagine filosofica, si tradusse già per i primi collaboratori del Museo in un concreto problema biblioteconomico: come ripartire un così gran numero di libri? I *Pinakes* ("Immagini"), i cataloghi che Callimaco compilò per conto della biblioteca d'Alessandria, dividevano gli autori a seconda delle discipline[16], inaugurando un sistema che per quanto ne sappiamo non sarebbe mai stato abbandonato. A Rodi e a *Tauromenion* frammenti dei cataloghi (che in questo caso si presentano come iscrizioni dipinte o scolpite sui muri in prossimità delle nicchie contenenti i libri) mostrano in modo inequivocabile che agli storici erano affiancati gli storici, e gli oratori agli oratori[17]. Anche l'utente delle biblioteche romane poteva consultare cataloghi (*indices*) suddivisi per generi[18]. Nonostante i rarissimi resti di cataloghi non diano conferme positive al riguardo, è molto probabile che accanto al materiale "umanistico" fossero presenti nella maggior parte delle biblioteche del mondo ellenistico e romano anche sezioni dedicate alle scienze pure, alle scienze naturali, forse anche a discipline propriamente "tecniche" quali architettura, medicina, e altre ancora. Sebbene il loro ruolo nella pratica dell'insegnamento superiore (e quindi nella realtà culturale) andasse via via riducendosi fin dall'età ellenistica, le discipline scientifiche conservarono sempre la loro posizione in quell'ideale di "cultura completa" – *l'enkyklios paideia* dei Greci, la gamma delle *artes liberales* dei Romani – di cui le biblioteche erano espressione[19].

Quand'anche nuove informazioni ci permettessero di documentare con maggiore certezza e precisione

la presenza di letteratura "tecnico-scientifica" nelle biblioteche romane[20], tuttavia, il ruolo svolto da queste nell'elaborazione e nella trasmissione delle scienze resterebbe a dir poco problematico. Dal momento che nessuna biblioteca romana, almeno per quanto ne sappiamo, ospitò istituzioni scientifiche paragonabili al Museo di Alessandria, la vitalità del sapere che custodivano dipendeva soltanto dalla buona volontà e dagli interessi dei potenziali utenti[21].

Vi è un modo, tuttavia, in cui le biblioteche influirono sicuramente sulla trasmissione della cultura scientifica dell'antichità classica: esse furono l'indispensabile base operativa da cui gli enciclopedisti intrapresero la loro opera di selezione.

L'enciclopedismo dipendeva dalla biblioteca per ragioni pratiche, che divengono chiare se si considera che per scrivere la sua *Historia Naturalis* Plinio attinse notizie da oltre 2000 libri: in tutte le epoche dell'antichità, la raccolta di un tale numero di volumi (prevalentemente di argomento indigesto, per giunta, e quindi difficilmente reperibili su un mercato librario relativamente poco sviluppato) avrebbe costituito un'impresa ardua, se non impossibile, al di fuori dell'istituzione-biblioteca[22]. D'altra parte è evidente – gli stessi scrittori antichi ne erano ben consapevoli – che enciclopedia e biblioteca rispondono a una sola concezione del sapere, da cui derivano perlomeno un comune principio organizzativo: non è certamente casuale che M. Varrone e Giulio Africano, forse i due maggiori enciclopedisti della storia di Roma, si siano visti affidare (rispettivamente nel I sec. a.C. e nel III sec. d.C.) la realizzazione di nuove biblioteche.

*mariobartelletti@hotmail.com
slavich@libero.it

NOTE

[1] E affidato al maggior erudito dell'epoca, M. Terenzio Varrone. Già in precedenza si erano diffuse presso l'aristocrazia romana le biblioteche private, inizialmente foraggiate dal bottino delle guerre contro le potenze ellenistiche (Isidoro di Siviglia, *Etymologiae*, VI, 5, 1-2). Cfr. FEDELI 1988, pp. 31-64.

[2] Isidoro di Siviglia, *Etymologiae*, VI, 5 1-2; Plinio il Vecchio, *Naturalis Historia*, VII, 115; XXXV, 10.

[3] Svetonio, *Vita Augusti*, XXIX, 3; Plutarco, *Vita Marcelli*, XXX, 6.

[4] I successori di Augusto inaugurarono due biblioteche sul Palatino, l'una presso il *Templum divi Augusti*, l'altra in un'area resa accessibile al pubblico di uno dei palazzi imperiali, la *domus Tiberiana*; a queste si aggiunsero la biblioteca fondata da Vespasiano presso il *Templum Pacis* e la biblioteca collocata nel *Pantheon* da Severo Alessandro (221-235 d.C.) sotto la supervisione dell'erudito Giulio Africano; di un'ultima sappiamo solo che era situata sul Campidoglio e andò distrutta sotto Commodo (180-192 d.C.). La collocazione di biblioteche entro complessi templari era una prassi diffusa che i Rromani avevano introdotto imitando i modelli ellenistici, ad esempio la grande biblioteca pergamena nel santuario di Atena.

[5] Sull'architettura delle biblioteche, che conosce significative evoluzioni tra i primi esempi ellenistici e lo standard romano, si può consultare STROCKA 1981, pp. 298-329. Per la biblioteca Ulpia si veda in particolare SETTIS 1988, pp. 60 ss.

[6] Alcuni esempi si trovano in CIL, V, 5762; CIL, V, 7376; CIL, X, 4760; CIL, XI, 2704b.

[7] Per un'analisi dettagliata delle testimonianze superstiti si veda BRUCE 1983, pp. 143-162, con qualche ipotesi un po' azzardata. S'intende che il sistema qui descritto riguarda il complesso delle biblioteche della capitale; per quanto riguarda quelle disperse nelle città dell'impero, non v'è traccia di un apparato amministrativo vero e proprio; le voci di spesa dovevano essere coperte dagli interessi di fondazioni istituite dal donatore di turno e gestite più o meno direttamente dalle autorità municipali.

[8] Ciò ben si adatta all'uso di leggere e studiare al mattino, con conseguente orientamento delle biblioteche ad Est. Cfr. per questo le indicazioni di Vitruvio, *De Architectura*, VI, 4.

[9] Le testimonianze sono discusse con ampiezza da FEDELI 1984, pp. 165-168.

[10] La citazione è in CAVALLO 1988, nota 1, p. XIII.

[11] E' esemplare in tal senso la decorazione nella facciata della biblioteca eretta a Efeso da un dotto e ricchissimo senatore indigeno, con la rappresentazione, tramite statue, delle proprie virtù intellettuali: STROCKA 1981, pp. 323 ss. Sull'evergetismo come fenomeno sociale il riferimento obbligato è a VEYNE 1982.

[12] SETTIS 1988, p. 67 e ss.

[13] Strabone, *Geographia*, 13, 1, 54. La tradizione antica che attribuisce la creazione della prima biblioteca al tiranno ateniese Pisistrato nel VI secolo a.C. (Aulo Gellio, *Noctes Atticae*, 7. 17, 1; Isidoro di Siviglia, *Etymologiae*, 6, 3) è chiaramente priva di ogni fondamento storico: di fatto, solo agli albori dell'era ellenistica la quantità di libri in circolazione divenne tale da rendere concepibile una "biblioteca" nel senso in cui l'intendiamo (si veda a questo proposito CANFORA 1998).

[14] Sulla genesi della biblioteca di Alessandria e sulla controversa cronologia si veda PARSONS 1952, testo classico ma datato: si tengano quindi presenti le numerose precisazioni in CANFORA 1986.

[15] La fonte principale è l'erudito bizantino Tzetzes (XII sec.), *Prolegomena de comoedia*, pp. 31-33 ed. Koster; cfr. anche Plinio il Vecchio, *Naturalis Historia*, 36, 4, sulla traduzione dell'epica religiosa persiana. Elenco completo in CANFORA 1986, pp. 8 e ss.

[16] Che i *Pinakes* fossero effettivamente un vero e proprio catalogo è cosa controversa (si veda CANFORA 1986, p. 11), ma nessuno dubita del fatto che rispecchiassero l'organizzazione della biblioteca.

[17] Su *Tauromenion* cfr. MANGANARO 1974, pp. 388 e ss.; su Rodi si veda SEGRE 1935, pp. 214 e ss.

[18] Cfr. Quintiliano, *Institutio Oratoria*, 10, 1, 57; Seneca, *Epistulae ad Lucilium*, 39, 2.

[19] Si rimanda al classico studio di MARROU 1984, in particolare le pp. 263 e ss., 286 e ss., 323 e ss. nel tomo *Le monde grec*; le pp. 84 e ss. nel tomo II, *Le monde romain*, per il ruolo del sapere scientifico nell'*enkylios paideia*. E' a questo ideale di completezza che fanno riferimento gli autori latini, quando parlano di *bibliothecae disciplinarum liberalium* (Aulo Gellio, *Noctes Atticae*, 7. 17, 1; *Scholia ad Iuvenalem* 1, 128).

[20] Gli unici indizi concreti in tal senso sono la citazione di un impreciso libro di Aristotele, nella biblioteca di Tivoli, in cui si allude ai danni derivanti dall'ingestione di acqua fredda (cfr. Aulo Gellio, *Noctes Atticae*, XIX, 5), e un nuovo frammento del catalogo della biblioteca di *Tauromenion* che testimonia la presenza di un'opera di Anassimandro, facendo così giustizia dell'ipotesi di biblioteca "specializzata" avanzata da Manganaro). Si veda BLANCK 1997, pp. 241-255.

[21] Ciò richiederebbe da parte nostra una discussione non priva di punti controversi sullo statuto socio-culturale delle scienze e delle tecniche nell'antichità ellenistico-romana e soprattutto sul carattere e le finalità, assai disomogenee, della letteratura che generalmente definiamo "tecnico-scientifica"; se si vuole indagare seriamente il ruolo svolto dalle biblioteche nella trasmissione del sapere scientifico, in altre parole, bisognerà tener sempre in mente che la presenza in una biblioteca dell'opera di Anassimandro, tanto per fare un esempio, non ha lo stesso significato della presenza di Columella o della *Mulomedicina Chironis*. Il problema è palesemente al di fuori della portata di questo lavoro.

[22] La necessità di disporre di una buona biblioteca per qualunque serio proposito compilativo è spesso chiaramente formulata dagli scrittori antichi (cfr. ad esempio Polibio 12, 27, 4; Plutarco, *Demostene*, 2). Che lo stesso Plinio abbia dovuto far ricorso anche alle grandi biblioteche pubbliche è molto probabile. Sulle dimensioni e sul carattere del mercato librario in età imperiale si veda l'eccellente sintesi di FEDELI 1989, pp. 347-378.

BIBLIOGRAFIA

BLANCK 1997 = H. BLANCK, *Un nuovo frammento del "catalogo" della biblioteca di Tauromenion*, in *La Parola del Passato*, LIII, 1997, pp. 241-255.

BRUCE 1983 = L.D. BRUCE, *The procurator bibliothecarum at Rome*, in *Journal of Library History*, IX, 1983, pp. 143-162.

CANFORA 1986 = L. CANFORA, *La biblioteca scomparsa*, Palermo 1986.

CANFORA 1998 = L. CANFORA, *Le biblioteche ellenistiche*, in CAVALLO 1998 (a cura di), pp. 5 e ss.

CAVALLO 1988 = G. CAVALLO (a cura di), *Le biblioteche nel mondo antico e medievale*, Roma – Bari 1998, pp. 31-64.

FEDELI 1984 = P. FEDELI, *Sul prestito librario e l'arte di sedurre i bibliotecari*, in *Quaderni Urbinati di cultura classica*, n.s., XVI, 1984, pp. 165-168.

FEDELI 1988 = P. FEDELI, *Biblioteche private e pubbliche a Roma e nel mondo romano*, in Cavallo 1988.

FEDELI 1989 = P. FEDELI, *I sistemi di produzione e di diffusione*, in G. CAVALLO – A. GIARDINA – P. FEDELI (a cura di), *Lo spazio letterario di Roma antica*, vol. II, *La circolazione del testo*, Roma 1989, pp. 347-378.

MANGANARO 1974 = G. MANGANARO, *Una biblioteca storica nel ginnasio di Tauromenion e il P.Oxy. 1241*, in *La Parola del Passato*, XXIX, 1974, pp. 388 e ss.

MARROU 1984 = H.I. MARROU, *Histoire de l'éducation dans l'antique classique*, Paris 1984.

PARSONS 1952 = E. A. PARSONS, *The Alexandrian Library, Glory of the Hellenistic World. Its Rise, Antiquities and Destruction*, Amsterdam-New York 1952.

SEGRE 1935 = M. SEGRE, *Epigraphica*, in *Rivista italiana di Filologia e d'Istruzione Classica*, XIII, 1935, pp. 214 e ss.

SETTIS 1988 = S. SETTIS, *La Colonna Traiana*, Torino 1988, pp. 60 ss.

STROCKA 1981 = V.M. STROCKA, *Römische Bibliotheken*, LXXVIII, 1981, pp. 298-329.

VEYNE 1982 = P. VEYNE, *Le pain et le cirque*, (trad. it.: *Il pane e il circo*, Bologna 1982).

Un contributo sulla tecnica di esecuzione degli affreschi della Villa dei Papiri di Ercolano

di

Ernesto De Carolis - Francesco Esposito - Diego Ferrara*

"Quanto poi appartiene al maneggio dell'arte, gli Accademici di S. M. pretendono, che la pittura sia stata fatta a tempera; stando in specie sulla fede dell'architetto della M. S. D. Luigi Vanvitelli; ma vi vorrebbe per ciò un poco di prova. Io so per certo che sull'intonaco antico colorito non si è fatta verun'analisi chimica..."

J. J. Winckelmann "Storia del Disegno", t. III, Roma, 1784, p. 217

ABSTRACT

The "Villa dei Papiri" in the neighborood of Herculaneum is famous for the discovery of over 1000 Greek papyri and 87 marble and bronze sculptures. The new archaeological excavations, between 1996 and 1998, have discovered the area of the atrium with mosaics floors of the I sec. B. C. and many fragments (over 5000) of the mural paintings of the rooms of this area. For the first time in Vesuvian territory it has been realized a digital archive containing all fragments, allowing to create relationes dealing with the different characteristics of decorations, compositions and colours. Besides, several samples of plaster from mural paintings show, for the comparison with other samples in the Vesuvian territory, an identity in the realization from local pictorial workshops.

1. INTRODUZIONE

La Villa dei Papiri, posizionata lungo la linea di costa a nord-ovest del vicino abitato di Ercolano, venne localizzata a circa m. 25 di profondità ed esplorata dalla fine di aprile del 1750 fino al 1761, con una ripresa delle ricerche per un anno dal febbraio 1764 al febbraio 1765, mediante il consueto sistema di scavo con cunicoli orizzontali, a volte su più livelli, collegati a pozzi verticali di dimensioni maggiori utilizzati per il movimento delle maestranze impiegate nei lavori di scavo e per il recupero dei reperti considerati di particolare interesse per le collezioni reali[1] (fig. 1).

Grazie ad una accurata planimetria realizzata nella sua seconda versione nel 1764 dall'ingegnere svizzero Karl Weber[2] che coadiuvava nella direzione degli scavi l'ingegnere Roque Joachim de Alcubierre conosciamo non solo l'andamento dei cunicoli che attraversavano come una fitta ragnatela gran parte della Villa ma anche le dimensioni degli ambienti, ad eccezione della loro volumetria, ed il posizionamento di quasi tutte le opere rinvenute.

L'interesse che ha suscitato la Villa sin dalla scoperta è strettamente collegato al rinvenimento di 87 sculture, repliche della seconda metà del I secolo a.C. di originali greci soprattutto databili al IV e III secolo a.C., e di oltre 1.100 rotoli di papiro facenti parte di una ricca biblioteca greca e latina contenente soprattutto opere di Filodemo di Gadara e della scuola epicurea che tornarono alla luce in questa prima fase delle operazioni di ricerca.

Negli anni successivi gli scavi si interruppero per le esalazioni venefiche emanate dal sottosuolo, per l'eccessivo costo finanziario e per l'obiettiva estrema difficoltà di allargare le ricerche mediante il sistema dei cunicoli.

L'interruzione durò fino al 1996[3] quando si tentò una prima campagna di scavo a cielo aperto, mediante l'asportazione di tutti i materiali vulcanici che avevano coperto l'area, permettendo, in due anni[4] di rimettere in luce il settore dell'atrio, già largamente

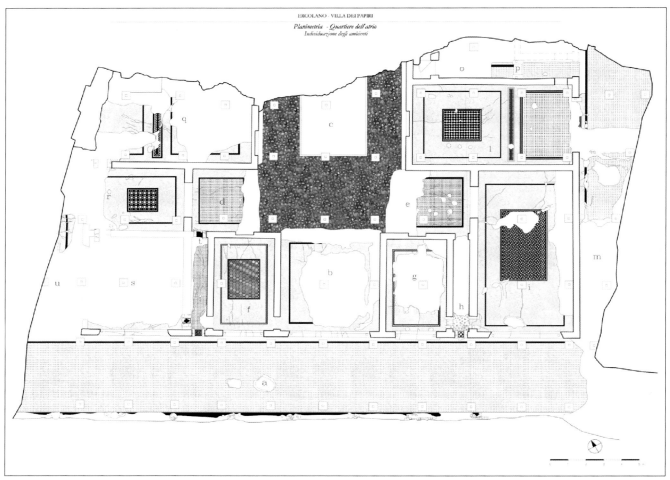

ERCOLANO · VILLA DEI PAPIRI

Planimetria - Quartiere dell'atrio
Individuazione degli ambienti

Fig. 1 - Villa dei Papiri, planimetria del quartiere dell'atrio (rielaborazione grafica di Salvatore De Stefano).

esplorato con i cunicoli nella fase borbonica degli scavi, e, per la prima volta, parte del prospetto affacciato sul mare con l'individuazione di almeno due piani inferiori che permettevano il collegamento diretto della Villa con la spiaggia antistante.

In corrispondenza di questa parte dell'edificio tornò alla luce inoltre sulla spiaggia un monumentale accesso alla Villa dal mare, in completo strato di crollo e solo parzialmente indagato, costituito da una ampia sala quadrata con aperture su tutti i lati arricchita da sculture in marmo di cui sono state rinvenute una testa forse di Amazzone ed una statua di *Peplophoros* inizialmente identificata come una replica dell'*Hera* Borghese.

Il complesso architettonico della

Villa dei Papiri si estende per oltre 250 metri con un asse longitudinale parallelo alla costa.

Il settore riportato alla luce è costituito dal quartiere dell'atrio, direttamente affacciato sul mare, suddiviso in 16 ambienti con un loggiato che lo delimita su tre lati. Dal lato posteriore di questa parte dell'edificio, come possiamo vedere dalla planimetria realizzata dal Weber, si accedeva ad un vasto ambiente denominato il "peristilio quadrato" caratterizzato da un'area verde con all'intero una vasca dalla forma stretta ed allungata mentre sui suoi lati si aprivano numerosi ambienti di incerta destinazione d'uso. In particolare dal lato ovest attraverso un ampio ambiente con ingresso caratterizzato da due colonne, identificabile come un'esedra, si accedeva ad un peristilio

rettangolare, con al centro del giardino una lunga vasca di eguale forma, decorato da numerose sculture in bronzo. Dal peristilio infine percorrendo un lungo viale si arrivava al c. d. "Belvedere" circolare affacciato sul mare.

Allo stato attuale delle ricerche la Villa sembrerebbe presentare due diverse fasi edilizie di cui la prima databile intorno al 60 a.C., caratterizzata dal quartiere dell'atrio e dal "peristilio quadrato", mentre tra il 50 ed il 25 a. C. venne aggiunto il grande peristilio rettangolare con l'area verde esterna ed il viale interno che conduceva al "Belvedere"[5].

È stato accertato invece che al momento dell'eruzione erano in corso in diversi settori della Villa numerosi interventi di rifacimento probabilmente in seguito ai danni causati alle strutture murarie ed alle decorazioni pittoriche dalle frequenti scosse sismiche che interessarono l'intera area fra il distruttivo terremoto del 62 d.C. e l'eruzione del Vesuvio del 24 agosto del 79 d.C [6].

In primo luogo la presenza di affreschi in Quarto Stile, già recuperati negli scavi borbonici in vari settori della Villa ed ulteriormente riconfermata dalla riscoperta del quartiere dell'atrio[7], attestano che si stava procedendo ad effettuare una nuova decorazione di almeno una parte degli ambienti conservando solo in alcuni casi la più antica decorazione in Secondo Stile[8]. Altri interessanti dati vengono riportati nelle relazioni di scavo di epoca borbonica che ricordano il rinvenimento, in settori non identificabili, di una vasca di calce e di alcuni colori[9], forse per essere usati dalle maestranze della bottega pittorica, oltre ad alcuni ambienti che presentavano le pareti non ricoperte da dipinti e quindi ancora al livello dello strato di preparazione dell'intonaco[10].

Una ulteriore prova di interventi in corso nell'edificio è costituita dallo spostamento di numerose sculture dalla loro posizione originaria[11] e dal rinvenimento di parte dei papiri della biblioteca in casse di legno o ammucchiati sul pavimento in vari ambienti ben distanti dalla piccola stanza (v), a sud del "peristilio quadrato", identificata come una Biblioteca dal Weber per la presenza di scaffali lignei con papiri appoggiati alle pareti[12].

Infine dobbiamo annotare la scarsità di vasellame domestico rinvenuto[13] e l'assenza di vittime in tutta l'area della Villa percorsa dai cunicoli[14].

Non sembra invece molto convincente l'ipotesi di un cambiamento di destinazione d'uso della Villa negli anni immediatamente precedenti all'eruzione.

L'ipotesi si basa sulla notizia, riportata nei diari di scavo borbonici, del rinvenimento di consistenti quantitativi di grano e di numerosi ami in ambienti non precisamente localizzabili[15]. Una ulteriore quantità di grano è stata recuperata nello scavo del settore dell'atrio in un vano di passaggio (n) a m. 1,80 dal pavimento sopra un solaio sostenuto da travetti rettangolari lignei[16].

L'insieme di questi elementi ha fatto avanzare l'ipotesi di una trasformazione d'uso dell'edificio da residenziale a rustico come è già stato riscontrato nella Villa dei Misteri a Pompei e in altre strutture di area vesuviana[17].

Pur non potendo escludere del tutto questa possibilità, sembra però allo stato attuale delle ricerche e sulla base dei dati sopraesposti che il rinvenimento del grano e degli ami in ambienti non pertinenti per questa destinazione di uso si possa collegare ai lavori di restauro in corso nella Villa al momento dell'eruzione senza necessariamente ipotizzare una trasformazione in edificio rustico. Per quanto riguarda più in particolare la scoperta di parte di un solaio in crollo con al di sopra del grano nel vano di passaggio "n" nei recenti scavi è anche possibile che si possa trattare di un elemento del sottotetto, usato come deposito, e precipitato fin quasi al livello del pavimento in seguito all'arrivo delle nubi piroclastiche[18].

Numerosi studi hanno tentato di identificare il committente del primo programma decorativo della Villa. La datazione delle sculture alla seconda metà del I secolo a.C. e la presenza di affreschi di Secondo e Terzo Stile hanno permesso di restringere l'orizzonte culturale agli esponenti della *nobilitas* di età cesariana o preaugustea. Un contributo fondamentale è poi costituito dal contenuto dei papiri letterari rinvenuti in alcuni ambienti della Villa il cui autore maggiormente rappresentato è il filosofo epicureo Filodemo di Gadara vissuto tra la fine del II secolo a.C. e la seconda metà del I secolo a.C. La presenza di diversi papiri delle sue opere in vari stadi di stesura indicherebbe inoltre una sua presenza, forse di lunga durata, nella Villa.

La connessione di questi due dati ha permesso di avanzare l'ipotesi di identificare il proprietario della Villa e il committente del programma decorativo con L. Calpurnio Pisone Cesonino, suocero di Cesare, console nel 58 a.C. e noto protettore di Filodemo di Gadara. Una seconda ipotesi invece attribuisce l'ideazione del programma decorativo a L. Calpurnio Pisone Pontefice, figlio di Cesonino, che ricoprì la carica di console nel 15 a.C. e morì nel 32 d.C. all'età di 80 anni[19].

È probabile tuttavia, accettando una continuità familiare della proprietà della Villa, che al figlio di Cesonino possiamo almeno attribuire i rifacimenti della decorazione pittorica in Terzo Stile[20] di alcuni ambienti come sembrerebbe attestato dal rinvenimento durante gli scavi borbonici di rari brani di affresco forse attribuibili a questa fase stilistica[21].

Non possiamo invece avanzare alcuna ipotesi sul nome dell'ultimo abitante della Villa che, se ammettiamo un passaggio di proprietà, doveva essere legato in ogni caso alle classi più agiate della società della prima età imperiale.

2. IL QUARTIERE DELL'ATRIO E LA SUA DECORAZIONE PITTORICA

Questo settore dell'edificio, riportato alla luce tra il 1996 ed il 1998, è costituito da 16 ambienti variamente dimensionati con un loggiato affacciato sul mare, che lo delimita per tre lati con in posizione centrale l'atrio di tipo tuscanico presentante l'*impluvium*, asportato in epoca borbonica, di forma quadrata[22]. Oltre all'atrio sono state scoperte le due *alae* (e, d), il tablino-esedra (b), tre corridoi (h, n, t) ed altri sette ambienti di cui tre identificati come triclini (i, l, q) mentre i restanti quattro (f, g, r, s) aperti sul porticato esterno genericamente denominati "sale". Infine sul lato est altri tre ambienti (o, p, m) sono stati solo parzialmente liberati dai materiali eruttivi.

Solo in corrispondenza delle due *alae* le strutture murarie[23] raggiungono un'altezza variabile compresa fra i m. 2,20 e i m. 2,90 mentre negli altri ambienti risultano di dimensioni notevolmente inferiori, quasi rasate al suolo impedendo pertanto ogni tentativo di una loro ricostruzione volumetrica. Tre ambienti inoltre (r, s, t) posizionati nel settore nordovest presentano il solaio collassato con il conseguente crollo nel piano inferiore delle murature e dei pavimenti.

Nel complesso in tutto questo settore dell'edificio riportato alla luce le superfici pavimentali risultano ben conservate fornendoci un panorama decorativo che rientra nelle mode tipiche del I secolo a.C. conservate fino all'eruzione del 79 d.C. per esplicita volontà dei proprietari o perché gli interventi di rifacimento degli apparati decorativi, secondo le nuove tendenze, non avevano ancora del tutto interessato il quartiere dell'atrio[24].

La decorazione pittorica invece, proprio per lo stato di devastazione delle strutture murarie[25], risulta fortemente frammentaria tanto da non permettere, almeno allo stato attuale delle ricerche, una ricostruzione seppur parziale degli schemi decorativi o fornire nuovi elementi significativi da collegare ad alcuni brani di affresco già recuperati in questa area durante la fase borbonica degli scavi e concordemente riferiti alle pareti dell'atrio.

In particolare è ormai accettato che da questo ambiente provengono alcuni frammenti di affresco di tardo Secondo Stile fra i quali i due noti brani[26] con il "Paesaggio idilliaco-sacrale" e con "Due gazzelle e quattro anatre" ambedue staccati dal lato ovest. Un convincente tentativo di ricostruzione dello schema ornamentale di almeno un tratto di questa parete è stato tentato dal Moormann[27], sulla base di tutti gli elementi in suo possesso, che prevede nella zona mediana le consuete campiture a pannelli rettangolari a fondo unico con scene di paesaggio eseguite a mezzo fresco delimitate da una fascia con motivo ornamentale e superiormente una larga fascia decorata con un meandro prospettico. Il frammento di affresco ancora in situ nell'atrio, essendo ridotto ad un sola parte dello zoccolo, sfortunatamente non fornisce alcun contributo a questa accattivante proposta ricostruttiva. Tuttavia la stretta somiglianza rilevata nell'*ala* "e" fra un brano superstite della decorazione pittorica della parete nord e quanto è stato rinvenuto nell'atrio ci permette di sostenere che anche questo ambiente presentava uno schema ornamentale simile, almeno in parte, a quanto è stato ricostruito dal Moormann. In questo ambiente infatti ritroviamo nella zona mediana lo stesso schema a pannelli rettangolari con paesaggi di tipo idilliaco-sacrale eseguiti in monocromia delimitati da una fascia con motivo ornamentale con in primo piano nel settore centrale una coppia di colonne con decorazione a "squame"[28].

Anche nei restanti ambienti che costituiscono il settore dell'atrio gli affreschi ancora in situ ed identificabili sono ridotti a rari brani di limitate dimensioni di cui solo alcuni particolarmente significativi nell'altra *ala* (d), in due triclini (i, q) e in tre Sale di rappresentanza (g, r, s). In tutti questi ambienti i frammenti delle composizioni conservati sulle pareti si inseriscono egualmente nel tardo Secondo Stile mentre dobbiamo sottolineare l'assenza di decorazioni che possiamo inserire nelle successive fasi pittoriche[29].

Oltre a questi brani i recenti scavi hanno anche restituito un considerevole numero di frammenti provenienti dai singoli ambienti e quindi teoricamente pertinenti alla loro decorazione pittorica anche se rimane un ampio margine di incertezza sull'esattezza del dato in quanto tutta l'area è stata sconvolta dai cunicoli borbonici e pertanto non è del tutto certo che i frammenti si riferiscano all'ambiente dove sono stati rinvenuti in quanto possono essere stati trascinati e mescolati durante i lavori di ricerca delle maestranze borboniche.

Nel corso della progettazione relativa al restauro degli apparati decorativi del settore dell'atrio[30] si è effettuato un intervento conservativo sui singoli frammenti, per consolidare ed evitare la perdita della pellicola pittorica, che ha anche permesso di sistemare questa grande quantità di reperti, al fine di permettere successivi e approfonditi studi, fornendo una serie di interessanti dati ricavati su base informatica.

Tutti i frammenti sono stati inseriti in un database costituito da un gruppo di files a cui corrispondono più tabelle formate da record e campi che memorizzano e visualizzano i dati. Il database[31] che è stato realizzato per archiviare i frammenti pittorici provenienti dal settore dell'atrio risulta costituito da 1 tabella, 23 campi, 4 formati, 5 script, 2 account e 4 privilegi estesi. Grazie a questa struttura semplice ma funzionale sono stati catalogati 5.680 reperti mediante 4.776 schede con 10.145 foto. Ogni singolo frammento è stato fotografato sia frontalmente che in sezione ed è stato inserito in una scheda che contiene anche il riferimento planimetrico e al diario di scavo. Nei casi in cui i frammenti sono risultati di dimensioni ridotte e con caratteristiche simili (cromia e schema decorativo) è stata realizzata invece un'unica scheda.

La realizzazione di questo innovativo archivio digitale[32], sinora mai tentato in area vesuviana, ha permesso di poter visionare tutti i reperti conservati, di poterli ordinare ed associare per le loro diverse caratteristiche come la tipologia degli schemi decorativi, la morfologia degli strati preparatori e la cromia. L'insieme dei dati raccolti e la loro comparazione ha permesso infine di acquisire tutti gli elementi necessari per la conoscenza delle tecniche di esecuzione.

In particolare lo strato di preparazione e l'intonachino, esaminati in tutti i frammenti, sono stati classificati nelle schede sulla base della composizione dei loro materiali costitutivi.

Lo strato di intonaco di preparazione risulta eseguito in sei diverse composizioni materiche:
- malta grigia, calce, inerti vulcanici a granulometria media (709 frammenti);
- malta grigia chiara, calce, inerti vulcanici e calcarei a granulometria fine (1995 frammenti);
- malta grigia chiara, inerti vulcanici a granulometria fine con grumi di calce (1202 frammenti);
- malta grigia rosata, calce, inerti vulcanici, fittili e calcarei a granulometria fine (8 frammenti);
- malta rosata, calce e inerti fittili (16 frammenti);
- malta rosata, calce, inerti fittili e vulcanici a grani grossi (1 frammento).

Per l'intonachino invece sono state rilevate cinque diverse modalità di esecuzione:
- calce e calcite spatica a cristalli prevalentemente grossi (144 frammenti);
- calce e calcite spatica a cristalli

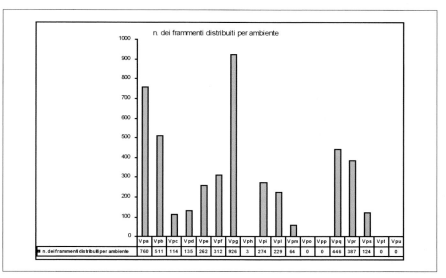

Grafico 2

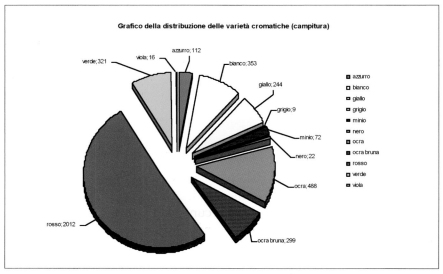

Grafico 1

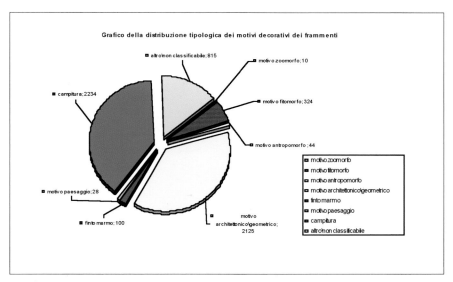

Grafico 3

mb001/06. Microfotografia eseguita con luce alogena

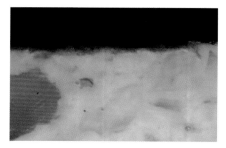

mb001/06. Microfotografia eseguita con luce alogena, 142,5x

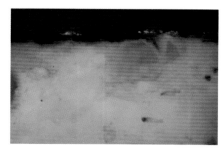

mb001/06. Microfotografia eseguita con luce ultravioletta, 142,5x

mb001/06. Schema grafico

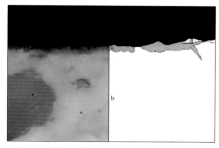

mb001/06. Schema grafico

prevalentemente di fine granulometria (3567 frammenti);
- calce e calcite spatica con due classi granulometriche (22 frammenti);
- calce e inerti fittili (374 frammenti);
- calce e inerti fittili e vulcanici (1 frammento).

Sono stati infine individuati 101 frammenti di stucchi, eseguiti a stampo, relativi alla fascia termi-

nale della parete e alle partizioni decorative geometriche dei soffitti presentanti l'intonachino costituito da calce e calcite a granulometria fine e strato di preparazione realizzato da calce e pozzolana. Alcuni di questi frammenti recano inoltre le impronte dell'incannucciata su cui erano stati applicati.

In relazione alla tecnica di esecuzione della decorazione pittorica sono stati isolati tutti i frammenti che presentavano la sola campitura ad affresco da quelli dove invece erano i motivi compositivi eseguiti a "mezzo fresco". I frammenti con la sola campitura raggiungono il numero di 2235 reperti mentre 2808 presentano una decorazione eseguita a "mezzo fresco".

I dati complessivi della schedatura sono stati inoltre riportati in una serie di grafici relativi alla distribuzione numerica dei frammenti rinvenuti nei singoli ambienti e sulle relative pareti, alla tipologia dei motivi decorativi e alla suddivisione delle varietà cromatiche.

Per quanto riguarda la ripartizione dei frammenti nei singoli ambienti (Grafico 1) posiamo notare che i più consistenti nuclei di reperti sono stati rinvenuti nell'ambiente "g", identificato come un sala di rappresentanza, e nel loggiato "a" affacciato sulla sottostante marina. Uno scarso quantitativo di frammenti proviene invece dall'atrio "c" la cui decorazione pittorica è stata almeno in parte ricostruita dal Moormann.

Una prima indagine sulla presenza di elementi decorativi (Grafico 2) ha permesso di individuare complessivamente 1934 frammenti che presentano semplici partizioni geometriche riferibili alle fasce di separazione dei pannelli della composizione pittorica parietale o a motivi ornamentali architettonici. Altri 100 frammenti presentano motivi a finto marmo, eseguiti per lo più in ocra e rosso, relativi alla decorazione dello

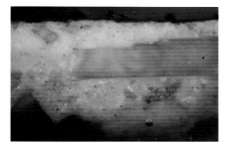

mb003/06. Microfotografia eseguita con luce alogena, 142,5x

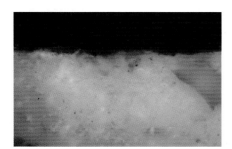

mb003/06. Microfotografia eseguita con luce alogena, 142,5x

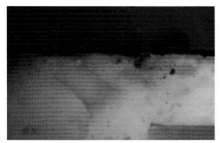

mb003/06. Microfotografia eseguita con luce ultravioletta, 142,5x

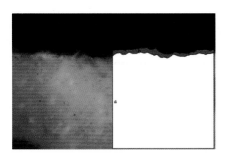

mb003/06. Schema grafico

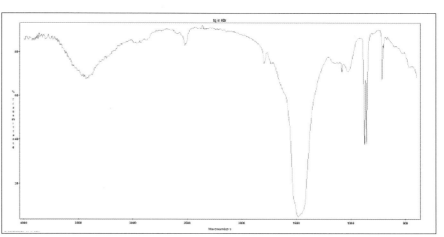

cm⁻¹	%T	cm⁻¹	%T	cm⁻¹	%T
3427.84	67.51	2962.76	83.84	2520.77	82.95
1794.99	74.85	1484.06	4.76	1454.73	6.16
1143.93	74.85	1082.64	70.93	1026.83	71.16
874.42	37.77	855.04	38.01	712.72	67.21
700.74	81.87	668.59	85.79	598.81	82.38
525.97	79.41	466.19	73.21		

Fig. 2 - mb003/06. Spettro relativo allo strato rosso del campione. Sono identificabili le bande di: del carbonato di calcio e, appena visibili, del gesso e relativa identificazione delle bande.

zoccolo della parete. Abbastanza consistenti sono invece i motivi fitomorfi (324) mentre molto scarsi sono i frammenti con parti di figure umane (44), animali (10) e relativi a composizioni di paesaggio (28).

Un terzo grafico permette infine di evidenziare i vari tipi di pigmenti utilizzati nelle decorazioni parietali pittoriche (Grafico 3).

3. INDAGINI DIAGNOSTICHE

Sulle decorazioni parietali pittoriche ancora conservate negli ambienti del settore dell'atrio sono state eseguite una serie di indagini diagnostiche per poter acquisire ulteriori elementi sui loro materiali costitutivi e sulla tecnica di esecuzione.

MB001/06, AMBIENTE I (*TRICLINIO*):

Descrizione degli strati, dal più interno al più esterno:

a) Spesso strato di malta ricca di inclusi di colorazione molto varia, prevalentemente neri, grigi e traslucidi, scarsamente classati da fortemente angolosi ad arrotondati, di sfericità da alta a molto bassa; si ipotizza la presenza di un legante di tipo carbonatico e di un aggregato costituito da materiale vulcanico.

b) Strato di colore bianco dello spessore di circa 7 mm, ricco di inclusi (rapporto A/L ~ 50%) bianchi, giallo/bruni e traslucidi, scarsamente classati e di forma fortemente angolosa; rari inclusi di colore verde bruno angolosi; ben aderente al sottostante; si ipotizza la presenza di un legante di tipo carbonatico e di un aggregato calcareo, probabilmente cristalli di calcite.

c) Sottilissimo strato giallo/aranciato dello spessore di circa 20 micron, discontinuo e presente solo in alcune porzioni della sezione, ben compenetrato con lo strato sottostante, costituito da una matrice di colore giallo e da minuti inclusi rossi.

d) Sottilissimo strato frammentario, visibile solo in luce ultravioletta, che mostra una forte fluorescenza gialla.

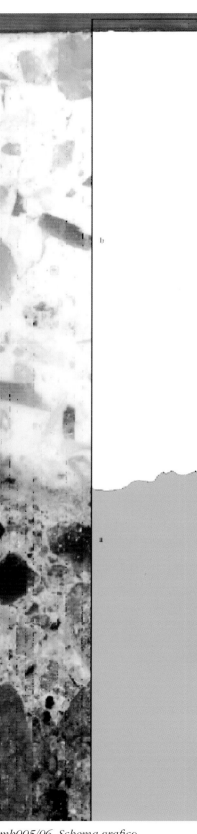

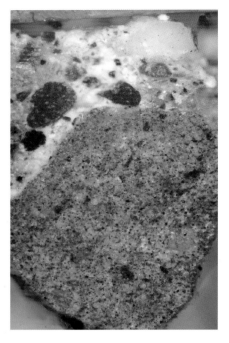

mb006/06. Microfotografia eseguita con luce alogena, strato (a)

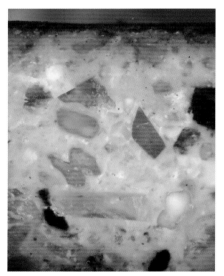

mb006/06. Microfotografia eseguita con luce alogena, strati (b) e (c) 28,5x

mb005/06. Microfotografia eseguita con luce alogena. 28,5x

mb005/06. Schema grafico

mb006/06. Microfotografia eseguita con luce alogena, 142.5x

mb006/06. Microfotografia eseguita con luce ultravioletta, 142.5x

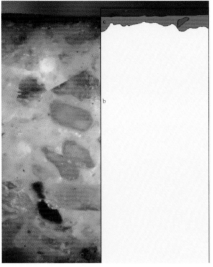

mb006/06. Schema grafico

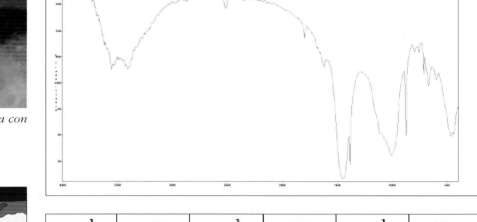

cm⁻¹	%T	cm⁻¹	%T	cm⁻¹	%T
3556.04	90.02	3430.10	92.74	3404.76	90.81
2513.07	136.91	1796.75	114.76	1682.77	106.60
1659.94	103.20	1620.70	92.33	1452.37	6.50
1384.38	17.62	1111.97	40.72	1111.97	40.72
1008.49	24.88	874.95	39.46	797.65	104.12
755.00	103.80	712.54	87.06	668.52	77.92
598.71	82.60	462.39	39.04		

Fig. 3 - mb006/06. Spettro relativo allo strato verde del campione. Sono identificabili le bande di: calcite, gesso, nitrati, silicati, blu egizio e relativa identificazione delle bande.

MB003/06, AMBIENTE E (*ALA*):

Descrizione degli strati, dal più interno al più esterno:

a) Strato di colore chiaro, costituito da una matrice bianca, da inclusi con forma angolosa scarsamente classati di aspetto traslucido, e da pochi grossi inclusi anch'essi traslucidi; si ipotizza la presenza di un legante di tipo carbonatico e di un aggregato calcareo, probabilmente cristalli di calcite;

b) Sottilissimo strato di colore rosso, dello spessore di circa 30 micron, a tratti assente, costituito da una matrice traslucida e da minutissime particelle di colore rosso / arancio; lo strato è ben compenetrato nel sottostante.

ANALISI FTIR

Lo strato rosso del campione è stato analizzato mediante spettroscopia infrarossa (FTIR) per verificare la presenza di eventuali leganti e/o sostanze di natura organica.

Non sono state rilevate tracce di sostanze organiche riconducibili ad un legante.

È presente solo la componente inorganica relativa all'intonaco (carbonato di calcio) e alla presenza in tracce di sali (gesso).

Lo strato rosso è stato grattato a bisturi e analizzato in KBr.

MB005/06, BASIS VILLAE:

Descrizione degli strati, dal più interno al più esterno:

a) Spesso strato di malta ricca di inclusi di colorazione molto varia, scarsamente classati da fortemente angolosi ad arrotondati, di sfericità da alta a molto bassa; si ipotizza la presenza di un legante di tipo carbonatico e di un aggregato costituito da materiale vulcanico.

b) Strato di colore bianco dello spessore di circa 4,5 mm, ricco di inclusi (rapporto A/L ~ 40%) bianchi, giallo/bruni e traslucidi, scarsamente classati e di forma fortemente angolosa e sfericità prevalentemente bassa; ben aderente al sottostante; si ipotizza la presenza di un legante di tipo carbonatico e di un aggregato calcareo, probabilmente cristalli di calcite.

MB006/06, AMBIENTE H (CORRIDOIO):

Descrizione degli strati, dal più interno al più esterno:

a) Strato disomogeneo, costituito da una matrice bianco/bruna e da numerosi inclusi di forma prevalentemente arrotondata, scarsamente classati, di colorazione molto varia; nel campione è visibile un grosso incluso di colore grigio scuro a grana fine.

b) Strato di colore bianco dello spessore di circa 3.5 mm, ricco di inclusi (rapporto A/L ~ 40%) bianco, giallo/bruni e traslucidi, scarsamente classati e di forma fortemente angolosa e sfericità prevalentemente bassa; ben aderente al sottostante; si ipotizza la presenza di un legante di tipo carbonatico e di un aggregato calcareo, probabilmente cristalli di calcite.

c) Strato di colore verde dello spessore minimo di 80 micron, contenente pochi grandi cristalli di colore azzurro, numerose particelle più fini verdi, rare rosse e nere.

ANALISI FTIR

Lo strato verde del campione è stato analizzato mediante spettroscopia infrarossa (FTIR) per verificare la presenza di eventuali leganti e/o sostanze di natura organica.

Non sono state rilevate tracce di sostanze organiche riconducibili ad un legante; è presente solo la componente inorganica relativa all'intonaco (calcite) e ai pigmenti (silicati, blu egizio), oltre alla presenza di sali (gesso, nitrati).

Lo strato verde è stato grattato a bisturi e analizzato in KBr.

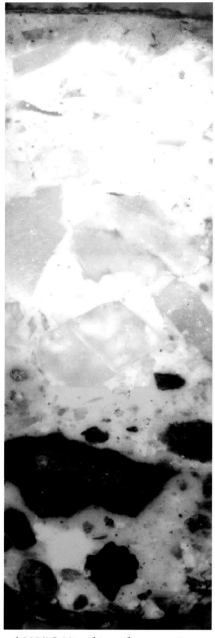

mb008/06 Microfotografia eseguita con luce alogena

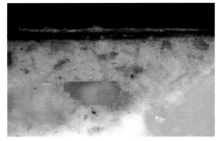

mb008/06. Microfotografia eseguita con luce alogena, 142.5x

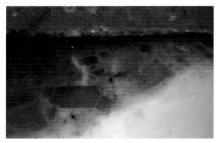

mb008/06. Microfotografia eseguita con luce ultravioletta, 142.5x

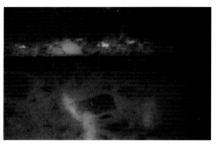

mb008/06. Microfotografia eseguita con luce ultravioletta, 285x

MB008/06, BASIS VILLAE, AMBIENTE INTERNO:

Descrizione degli strati, dal più interno al più esterno:

a) Strato di malta costituito da una matrice di colore bianco e aggregato di colorazione molto varia, scarsamente classato, da fortemente angoloso ad arrotondato, di sfericità da alta a molto bassa; si ipotizza la presenza di un legante di tipo carbonatico e di un aggregato costituito da materiale vulcanico.

b) Spesso strato di colore bianco, ricco di inclusi bianchi, giallo/bruni e traslucidi, scarsamente classati e di forma da fortemente angolosa ad arrotondata; perfettamente aderente al sottostante, tanto da non distinguere la separazione tra i due; si ipotizza la presenza di un legante di tipo carbonatico e di un aggregato calcareo, probabilmente cristalli di calcite.

c) Strato di colore rosa dello spessore variabile tra 140 e 350 micron, contenente inclusi prevalentemente traslucidi,

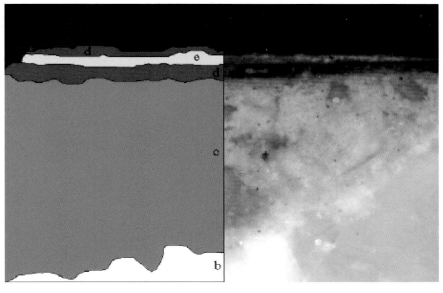

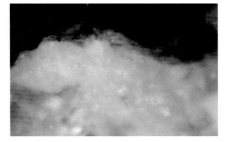

mb010/06. Microfotografia eseguita con luce alogena, 57x

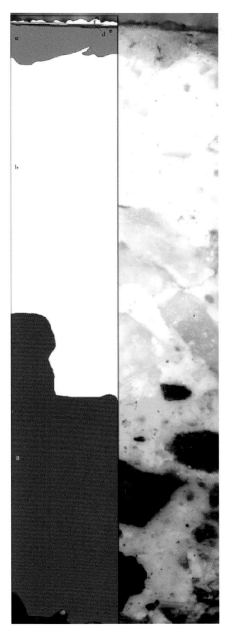

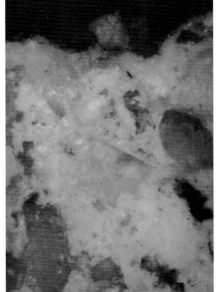

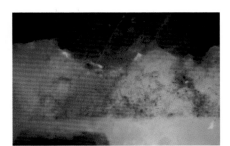

mb008/06. Schema grafico

mb010/06. Microfotografia eseguita con luce alogena, 28,5x

mb010/06. Microfotografia eseguita con luce ultravioletta, 142.5x

scarsamente classati, di forma da fortemente angolosa ad arrotondata; lo strato è molto compenetrato con il sottostante e si distngue solo per un differente colore della matrice.

d) Sottile strato dello spessore di circa 20 micron a tratti di colore bruno, a tratti di colore bianco e a tratti assente, costituito da una matrice non distinguibile e da inclusi minuti di colore bruno addensati verso la superficie

dello strato, corrisponde, insieme allo strato successivo (e) alla decorazione.

e) Strato discontinuo, presente solo nella porzione sinistra della sezione, dello spessore di 20 micron, costituito da una matrice di colore bianco, da inclusi finissimi di colore rosso/rosato e da pochi inclusi bianchi più grandi, ben aderente al sottostante.

f) Strato di colore bianco traslucido, discontinuo, di spessore variabile e di andamento molto frastagliato, ben aderente al sottostante; si tratta probabilmente di un deposito/incrostazione superficiale di natura carbonatica.

MB010/06, AMBIENTE M:

Descrizione degli strati, dal più interno al più esterno

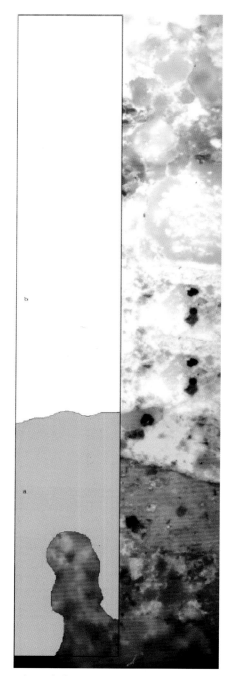

mb010/06. Schema grafico

a) Strato di malta di colore legger-
mente rosato, contenente inclusi
di colore prevalentemente rosso
aranciato, si tratta probabilmente di una malta a cocciopesto.

b) Spesso strato di colore bianco,
ricco di inclusi bianchi, giallo/
bruni e traslucidi, scarsamente classati e di forma prevalentemente angolosa; aderen-

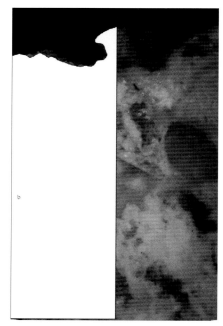

mb010/06. Schema grafico

te al sottostante; si ipotizza la
presenza di un legante di tipo
carbonatico e di un aggregato
calcareo, probabilmente cristalli
di calcite; sulla superficie è ben
visibile una patina biologica.

4. Osservazioni conclusive

I campioni[33] che presentiamo in
questa sede sono stati prelevati
da brani di intonaco dipinto ancora conservato in quattro ambienti[34]
del settore dell'atrio, dall'intonaco[35] privo di decorazione pittorica
del prospetto della Villa e dalla decorazione pittorica[36] dell'unico ambiente, solo parzialmente scavato,
del primo piano sottoposto.

È importante sottolineare che
le decorazioni pittoriche della Villa, essendo state riportate alla luce
nelle recenti campagne di scavo,
non hanno subito operazioni di
manutenzione mediante la stesura
di protettivi-ravvivanti a base di sostanze olio-cerose al contrario della quasi totalità dei dipinti presenti
in area vesuviana che, dalle loro
diverse epoche di rinvenimento

fino a circa il 1980, sono stati trattati con questo pesante intervento
conservativo. I campioni prelevati
pertanto non presentano elementi
di disturbo ad eccezione di una re-
sina acrilica, (Paraloid B72) utilizzata come fissativo protettivo degli
strati pittorici ed applicata durante
le operazione di messa in sicurezza in fase di scavo.

L'analisi dei campioni ha permesso di rilevare che i *tectoria* dei
diversi ambienti del settore del-
l'atrio, del rivestimento esterno del
prospetto e dell'unico ambiente
del primo piano sottoposto sono
caratterizzati da tre strati sovrapposti compatti di diverse dimensioni
raggiungendo uno spessore che
non supera i cm. 6 confermando
quanto è stato rilevato in altre analisi effettuate in area vesuviana.

Pertanto anche la bottega pittorica che ha operato nella Villa dei Papiri, su incarico di una
committenza di alto rango, non
ha rispettato i precetti della trat-
tatistica vitruviana, il cui numero degli strati preparatori doveva
essere pari a sette[37].

La tipologia dei conglomera-
ti risulta inoltre simile, sia come
stratigrafia che come materiali costitutivi, agli intonaci delle pitture
presenti in altri edifici vesuviani
e, dato interessante, sembrerebbe
ipotizzabile che il *modus operan-
di* delle botteghe pittoriche rimar-
rebbe costante a prescindere dallo
stile della decorazione, la cui variazione è legata a cambiamenti di
mode e gusto.

Le malte, composte da materiali
a fine e media granulometria, sono
state molto lavorate raggiungendo
il risultato di una notevole com-
pattezza.

L'intonachino risulta formato prevalentemente da cristalli
di calcite mentre l'intonaco del
secondo strato risulta composto
soprattutto da inerti di granulometria media costituiti da inclusi di origine vulcanica. L'arriccio

Fig. 4 - Particolare della decorazione pittorica a squame con la ripartizione geometrica.

sui campioni di intonachino evidenziano infatti che i grani dei pigmenti utilizzati per le grandi campiture sono compenetrati nello strato sottostante di malta che costituisce l'intonachino confermando così l'avvenuta carbonatazione.

Le spettroscopie ad infrarosso (FTIR) dei campioni di intonachino (campione MB 003/06, ambiente E; campione MB 006/06, ambiente H) realizzate per verificare la presenza di eventuali leganti e/o sostanze di natura organica hanno dato esito negativo confermando la presenza solo di una componente inorganica relativa al legante dell'intonaco e ai pigmenti.

L'estrema frammentarietà delle composizioni pittoriche in Secondo Stile ancora conservate sulle pareti degli ambienti del settore dell'atrio non ha permesso di ricostruire la tecnica di esecuzione usata dalla bottega pittorica per realizzare queste decorazioni.

È stato possibile solo rilevare la presenza di una ripartizione geometrica, eseguita mediante incisioni dirette su un intonachino in fase di "tiro[39]" (fig. 4), per l'esecuzione della decorazione a squame della colonna dell'ambiente E (*ala*).

Ulteriori tracce di incisioni dirette o indirette come anche l'esistenza di cesure che individuano le pontate o le eventuali giornate non sono state rilevate per il grave stato di decoesione dei brani pittorici superstiti.

* ernestodec@libero.it
officina.restauro@libero.it

infine è caratterizzato da inclusi di origine vulcanica di granulometria più grossa.

In particolare la decorazione pittorica[38] è stata eseguita ad "affresco" stendendo cioè i colori sull'intonaco ancora fresco, che attraverso la reazione della calce idrata, contenuta nell'intonaco, con l'anidride carbonica dell'atmosfera ha permesso il formarsi di un reticolo cristallino di carbonato di calcio che ha fissato i colori in maniera permanente. L'osservazione delle microfotografie eseguite con luce alogena,

NOTE

[1] Vedasi in particolare: COMPARETTI-DE PETRA 1883; RUGGIERO 1885; MUSTILLI 1983 (1956); WOJCIK 1986; DE SIMONE-RUFFO 2003; PESANDO-GUIDOBALDI 2006.

[2] Sulla figura di Karl Weber vedasi inoltre: PARSLOW 1993, pp. 51-56; STRAZZULLO 1998.

[3] DE SIMONE-RUFFO 2003; PESANDO-GUIDOBALDI 2006.

[4] Gli scavi nuovamente interrotti nel 1998 si prevede che possano riprendere nel corso del 2007 con l'obiettivo principale di rimettere in luce il prospetto su più piani del quartiere dell'atrio.

[5] MUSTILLI 1983 (1956), pp. 7-18.

[6] DE CAROLIS-PATRICELLI 2003, pp. 71-76.

[7] MOORMANN 1984; WOJCIK 1986, in particolare pp. 35-38. Nelle recenti campagne di scavo abbiamo inoltre l'importante testimonianza degli affreschi rinvenuti in un ambiente immediatamente al di sotto del piano nobile caratterizzato da una decorazione pittorica di tardo Terzo Stile inizi Quarto Stile (DE SIMONE-RUFFO 2003, p. 302) oltre ad alcuni frammenti, provenienti dal settore dell'atrio, la resa stilistica dei quali, di genere paesaggistico e figurativo, permette un loro inserimento in queste ultime due fasi pittoriche.

[8] La conservazione di affreschi di Primo e Secondo Stile negli ambienti di rappresentanza di una *domus* è frequente in area vesuviana e ribadisce l'esplicita volontà del *dominus* di certificare la vetustà della famiglia come chiaro esempio di autorappresentazione nei confronti dei *clientes*.

[9] WOJCIK 1986, p. 36, nota 169.

[10] MOORMANN 1984, in particolare p. 672. Il dato rimane comunque incerto in quanto esiste la possibilità che si tratti di ambienti destinati al servizio e pertanto non ricoperti da decorazioni pittoriche.

[11] WOJCIK 1986, p. 36.

[12] I papiri, oltre a quelli rinvenuti nella Biblioteca, tornarono alla luce in altri 5 punti della Villa tra il c.d. "peristilio quadrato" ed il grande peristilio rettangolare deposti sul pavimento o conservati in casse e stipi lignei (LONGO AURICCHIO-CAPASSO 1987). Da sottolineare che una cassa lignea e diversi papiri sciolti furono recuperati nello scavo del giardino in prossimità del colonnato ovest del peristilio spostati dall'arrivo del flusso piroclastico da uno degli ambienti che lo separavano dal "peristilio quadrato" secondo il tipico effetto di trascinamento in varie direzioni, seguendo l'andamento delle strutture e la loro resistenza, o di spostamento in alto già rilevato per altri reperti rinvenuti nello scavo dell'abitato (DE CAROLIS-GROPPELLI 1999, pp. 31-52). Non concordiamo invece con l'ipotesi secondo la quale tutti i papiri erano custoditi nella Biblioteca per cui i vari punti di rinvenimento dimostrano un tentativo di frettoloso "trasloco" per metterli in salvo dai fenomeni eruttivi e non di un loro iniziale spostamento per i lavori in corso ulterior-

mente modificato per il sopraggiungere del flusso in quanto, sempre secondo questa ipotesi, sarebbero stati trasportati solo in direzione della sottostante marina (DE SIMONE-RUFFO 2003, p. 311).

[13] Questo dato tuttavia può risultare non completamente attendibile in quanto è molto probabile che le relazioni di scavo abbiano registrato con precisione il rinvenimento della statuaria, dei papiri e di quei rari reperti ritenuti di particolare interesse mentre l'elencazione della suppellettile di uso comune è stata completamente tralasciata.

[14] Questo ultimo dato, pur nella sua parzialità, conferma quanto è stato rilevato nei quartieri riportati alla luce dell'abitato dove il numero delle vittime non supera le 32 unità. Durante le prime ore dell'eruzione, con inizio della fase parossistica intorno alle ore 13.00 del 24 agosto, Ercolano non venne interessata dalla fase pliniana di caduta delle pomici che invece ricoprirono Pompei ed il settore a sud-est del vulcano. La città venne pertanto abbandonata da gran parte degli abitanti salvo alcuni nuclei che decisero di rimanere nelle loro dimore o tentarono un'estrema via di fuga scendendo sulla marina sottostante al sopraggiungere delle nubi piroclastiche (DE CAROLIS-PATRICELLI 2003, pp. 99-106) Una ulteriore conferma dell'allontanamento di gran parte degli ercolanesi viene dai recenti scavi eseguiti fra l'area della Villa e la c.d. "Insula Residenziale", dove non sono state ritrovate vittime salvo lo scheletro di un cavallo nel porticato laterale al Ninfeo (ISACR 80). E' pertanto molto probabile che anche quanti erano presenti nella Villa e negli edifici limitrofi si allontanarono prima del sopraggiungere del surges.

[15] MUSTILLI 1983, p. 18; WOJCIK 1986, p. 37.

[16] DE SIMONE-RUFFO 2003, p. 292.

[17] MUSTILLI 1983, p. 18; WOJCIK 1986, p. 37.

[18] DE SIMONE-RUFFO 2003, p. 292.

[19] PANDERMALIS 1983, pp. 19-50, in particolare p. 40.

[20] Il Terzo Stile si data in area vesuviana fra il 25-20 a. C. ed il 40-50 d. C.

[21] Il Moormann attribuisce al Terzo o Quarto Stile i seguenti frammenti: ambiente f, a nord del tablino, tondo con busto di figura femminile su campitura rossa (MOORMANN 1984, p. 651, scomparso); ambiente l, a sud del tablino, Amorino su fondo giallo (MOORMANN 1984, p. 652, fig. 13, MANN inv. 9319); atrio, testa di pantera (MOORMANN 1984, p. 652, nota 80, fig. 7, MANN inv. 9951); bagno (la c.d. "Stufa ambiente I" del Weber), pantera gradiente (MOORMANN 1984, pp. 653-654, fig. 14, MANN inv. 8779); provenienza ignota, gazzella (MOORMANN 1984, p. 655, fig. 19, MANN inv. 9902).

In un successivo studio la Wojcik invece attribuisce con sicurezza al Terzo Stile i seguenti frammenti: bagno (la c.d. "Stufa ambiente I" del Weber), pantera gradiente (WOJCIK 1986, p. 21, scheda n.8, MANN inv.

8779); ambienti a sud-est dell'atrio, capra su fondo nero (WOJCIK 1986, p. 29, schede nn. 16-17, tavv. XIII-XIV, MANN invv. 8806, 9902); provenienza ignota, pantera su fondo rosso (WOJCIK 1986, p. 33, schede nn. 27-28, scomparsi).

Nei recenti scavi a cielo aperto invece viene datata alla transizione fra il Terzo e Quarto Stile la decorazione pittorica di un ambiente sottostante al piano nobile mentre nel quartiere dell'atrio i rari brani di affresco ancora conservati sulle pareti vengono inseriti nel Secondo Stile (DE SIMONE-RUFFO 2003, pp. 289-302). Infine una ricognizione visiva, effettuata nel corso della presente ricerca, sui rari frammenti di affresco rinvenuti nella stesso settore decorati da motivi figurativi e paesaggi, in attesa di un completo studio su tutti i reperti raccolti, permette di ipotizzare, per la loro resa stilistica, un inserimento nel Terzo e Quarto Stile (sulla schedatura dei frammenti vedasi *infra* nota 31).

[22] Negli scavi borbonici tra il 1754 ed il 1756 furono rinvenute 10 statuette in bronzo lungo i bordi dell'impluvio mentre un'altra era posizionata al centro della vasca raffiguranti Satiri, Sileni ed Amorini con maschera. Tutte le statuette erano utilizzate come getti di fontane creando un raffinato effetto decorativo al centro dell'ambiente (MUSTILLI 1983, p. 12; PANDERMALIS 1983, p. 50, n. 62; WOJCIK 1986, pp. 227-242, tavv. CXIII-CXX).

[23] Le murature conservate risultano eseguite per lo più in reticolato di tufo con alcune parti in "quasi reticolato"; il laterizio è presente nei piedritti esterni, negli stipiti delle *alae* e negli angoli interni. Gli stipiti dei vani interni sono in opera vittata di tufo (DE SIMONE-RUFFO 2003, p. 288).

[24] Per la descrizione dei pavimenti rinvenuti nei vari ambienti vedasi DE SIMONE-RUFFO 2003, pp. 289-301.

[25] Oltre al ripetuto e distruttivo passaggio dei cunicoli borbonici la quasi totale scomparsa degli alzati delle murature è anche da imputare, come è stato rilevato in altre abitazioni ercolanesi, all'impatto dei surges sulle strutture direttamente affacciate sul mare, ad una considerevole altezza rispetto alla sottostante marina, che per la loro velocità di discesa e per l'effetto di trascinamento dei depositi di vario genere ne causarono il crollo parziale sulla spiaggia (DE CAROLIS-GROPPELLI 1999, pp. 31-52; DE CAROLIS-PATRICELLI 2003, pp. 99-106).

[26] MOORMANN 1984, pp. 638-650 (MANN invv. 8759, 9423); WOJCIK 1986, pp. 15, 18, nn. 1, 7, tavv. I, VI.

[27] MOORMANN 1984, pp. 638-650, in particolare fig. 10.

[28] DE SIMONE-RUFFO 2003, p. 298.

[29] DE SIMONE-RUFFO 2003, pp. 289-301

[30] Il progetto è inserito nella Convenzione tra la Soprintendenza Archeologica di Pompei e la Regione Campania (POR NA 18/04, ERC 059/C).

[31] Il database è stato realizzato dall'Officina del Restauro di Francesco Esposito

e Diego Ferrara con la collaborazione di Salvatore De Stefano.

[32] L'acquisizione digitale dei frammenti rinvenuti è stata realizzata sulla base dell'esperienza relativa al recupero della decorazione pittorica di alcune vele crollate della volta della basilica Superiore di S. Francesco in Assisi, in seguito al sisma del 26/9/97 (ASSISI 2001). Un'esperienza analoga è stata effettuata sui frammenti pittorici di Andrea Mantegna e soci della cappella Ovetari nella chiesa degli Eremitani in Padova (PADOVA 2006).

[33] I campioni sono stati estrapolati dal Progetto Esecutivo relativo al restauro degli apparati decorativi pittorici e pavimentali della Villa dei Papiri ed eseguiti da "Emmebi diagnostica artistica, Roma".

[34] Ambiente I (MB 001/06); ambiente E (MB 003/06); ambiente H (MB 006/06); ambiente M (MB 010/06).

[35] Basis villae (MB 005/06).

[36] Basis villae, ambiente interno (MB 008/06).

[37] Vitruvio De Architectura VII, 3, 5-6.

[38] Per la tecnica della decorazione pittorica e sulla attività delle botteghe in area vesuviana vedasi: CORALINI 2005, pp. 169-198; DE CAROLIS-ESPOSITO-FERRARA 2007, pp. 117-141.

[39] Col termine "tirare" si intende il momento in cui l'intonaco inizia ad asciugarsi (ZANARDI 1995 p.168, nota n.116).

BIBLIOGRAFIA

ASSISI 2001 = AA.VV., Guida al recupero ricomposizione e restauro di dipinti murali in frammenti. L'esperienza della Basilica di San Francesco in Assisi, Roma, 2001.

COMPARETTI-DE PETRA 1883 = D. COMPARETTI-G. DE PETRA, La villa ercolanese dei Pisoni, i suoi monumenti e la sua biblioteca. Ricerche e notizie, Torino 1883.

CORALINI 2005 = A. CORALINI, La pittura parietale di Ercolano: i temi figurativi, in OCNUS, 12, 2005, pp. 169-198.

DE CAROLIS-ESPOSITO-FERRARA 2007=E. DE CAROLIS-F. ESPOSITO-D. FERRARA, Domus Sirici in Pompei (VII, 1, 25.47): appunti sulla tecnica di esecuzione degli apparati decorativi, in OCNUS, 15, 2007, pp. 117-141.

DE CAROLIS-GROPPELLI 1999 = E. DE CAROLIS-G. GROPPELLI 1999, Nuove ipotesi sul seppellimento di Ercolano (Napoli): prospettive dall'integrazione di dati archeologici e vulcanologici, in Archeologia Uomo Territorio, 18, 1999, pp. 31-52.

DE CAROLIS-PATRICELLI 2003 = E. DE CAROLIS-G. PATRICELLI, Vesuvio 79. d. C.: la di-struzione di Pompei ed Ercolano, Roma 2003.

DE SIMONE-RUFFO 2003 = A. DE SIMONE-F. RUFFO, Ercolano e la Villa dei Papiri alla luce dei nuovi scavi, in Cronache Ercolanesi, 33, 2003, pp. 279-311.

LONGO AURICCHIO-CAPASSO 1987 = F. LONGO AURICCHIO-M. CAPASSO, I rotoli della Villa ercolanese: dislocazione e ritrovamento, in Cronache Ercolanesi, 17, 1987, pp. 37-47.

MOORMANN 1984 = E. M. MOORMANN, Le pitture della Villa dei Papiri ad Ercolano, in Atti del XVII Congresso Internazionale di papirologia (Napoli, 19-26 maggio 1983), Napoli, 1984, 2, pp. 637-675, 30 figg.

MUSTILLI 1983 = D. MUSTILLI, La Villa pseudourbana ercolanese, in AA. VV., La Villa dei Papiri, Secondo Suppl. a Cronache Ercolanesi, 13, 1983, pp. 7-18, (1ª ediz. 1956).

PADOVA 2006 = A. DE NICOLO' PALMAZO-A. M. SPIAZZI-D. TONIOLO, Andrea Mantegna e i maestri della Cappella Ovetari. La ricomposizione virtuale e il restauro, Milano 2006.

PANDERMALIS 1983 = D. PANDERMALIS, Sul programma della decorazione scultorea, in AA. VV., La Villa dei Papiri, Secondo Suppl. a Cronache Ercolanesi, 13, 1983, pp. 19-50.

PARSLOW 1993 = C. C. PARSLOW, Karl Weber and Pompeian Archaeology, in AA.VV., Ercolano 1738-1988. 250 anni di ricerca archeologica, Roma 1993, pp. 51-56.

PESANDO-GUIDOBALDI 2006 = F. PESANDO-M. P. GUIDOBALDI, Gli ozi di Ercole. Residenze di lusso a Pompei ed Ercolano, Roma 2006.

RUGGIERO 1885 = M. RUGGIERO, Storia degli scavi di Ercolano ricomposta su' documenti superstiti, Napoli 1885.

STRAZZULLO 1998 = F. STRAZZULLO, Alcubierre-Weber-Paderni: un difficile "tandem" nello scavo di Ercolano-Pompei-Stabia, in Memorie dell'Accademia di Archeologia Lettere e Belle Arti in Napoli, XII, 1998.

WOJCIK 1986 = M. R. WOJCIK, La Villa dei Papiri ad Ercolano. Contributo alla ricostruzione dell'ideologia della nobilitas tardorepubblicana Roma, 1986.

ZANARDI 1995 = B. ZANARDI, Relazione di restauro della decorazione della cappella del Sancta Sanctorum, in Sancta Sanctorum, Milano 1995, pp.230-269.

Strumenti alessandrini per l'osservazione astronomica: Tolomeo e la *Mathematiké syntaxis*

di

*Giorgio Strano**

ABSTRACT

Claudius Ptolemy's Mathematiké Syntaxis, *also known as* The Almagest, *is the most important source on the observational methods of Alexandrine astronomy, providing information on six instruments useful to gather angular celestial measurements. The first part of this article describes such instruments, their origin, early history, use, and the astronomical results which Ptolemy claims to have obtained with them. The second part (forthcoming) deals with the historical problems discovered by a careful analysis of Ptolemy's astronomical data and the role of the observational instruments which are not described in the Syntaxis. It becomes apparent that Ptolemy inherits from the past observational data gathered with instruments that were different from those he describes. However, simultaneously, the Syntaxis promotes a set of instruments and observational methods which are able to overcome many technical and practical problems and, in particular, the lack of precise time measures.*

1. INTRODUZIONE

Per una sottile ironia quasi tutte le notizie sugli strumenti astronomici alessandrini si devono a un autore della cui vita non si conosce quasi nulla. Si sa solo che Claudio Tolomeo compì osservazioni da Alessandria d'Egitto fra il 127 e il 141[1], e che forse, fra il 146 e il 147, pose una stele a Canopo[2]. Verso il 150 ultimò invece la *Mathematiké Syntaxis*[3], un'opera di astronomia così esaustiva da gettare nell'oblio gli scritti che ne costituivano le fonti.

La sistematicità dell'opera comporta che i dati introdotti nella *Syntaxis* siano preceduti dalla presentazione degli strumenti per ottenerli. Alcuni dati riguardano i parametri di alcune circonferenze celesti, altri le posizioni dei pianeti e delle stelle fisse. In particolare, dalla sede privilegiata della Terra, ritenuta ferma al centro del cosmo, Tolomeo coglie due principali movimenti celesti: una rotazione uni-

forme da est verso ovest e in 24 ore di tutti gli astri parallelamente all'equatore celeste, che produce il sorgere e il tramontare del Sole, della Luna, dei pianeti e di parte delle fisse; una rotazione uniforme da ovest verso est che presiede ai moti medi dei pianeti (Luna, Mercurio, Venere, Sole, Marte, Giove e Saturno) e della sfera delle fisse con periodi compresi fra un mese lunare e 36.000 anni. Questa seconda rotazione avviene parallelamente all'eclittica, la circonferenza percorsa dal Sole lungo lo Zodiaco, obliqua rispetto all'equatore celeste (fig. 1)[4]. I due movimenti principali delineano l'assetto degli strumenti per trovare nell'ordine l'inclinazione dell'equatore celeste rispetto all'orizzonte di chi osserva, l'obliquità dell'eclittica rispetto all'equatore celeste, la posizione dei punti dove l'equatore celeste taglia l'eclittica (gli equinozi), le coordinate delle fisse e dei pianeti rispetto all'eclittica e all'equinozio di primavera.

2. L'OSSERVAZIONE DEL SOLE

Anche se geocentrica, l'astronomia alessandrina rivela una stretta dipendenza dal Sole: le circonferenze celesti sono enti astratti derivanti dai due movimenti principali. Rispetto a tali enti il Sole opera da elemento tracciante: descrive l'eclittica in un anno, l'equatore celeste agli equinozi di primavera e d'autunno, e i tropici del Cancro e del Capricorno ai solstizi estivo e invernale. Se si segue il corso del Sole con idonei strumenti si ricavano perciò i parametri alla base di ogni altra misura. Per trovare l'obliquità dell'eclittica e l'inclinazione dell'equatore celeste Tolomeo introduce gli "anelli" (*kykloi*) o, in alternativa, il "quadrello" (*plinthidion tetrágonon*); per gli istanti degli equinozi cita invece l'"anello" (*krikos*). I tre strumenti diverranno noti in seguito come "armilla meridiana (o solstiziale)", "plinto" e "armilla equatoriale (o equinoziale)".

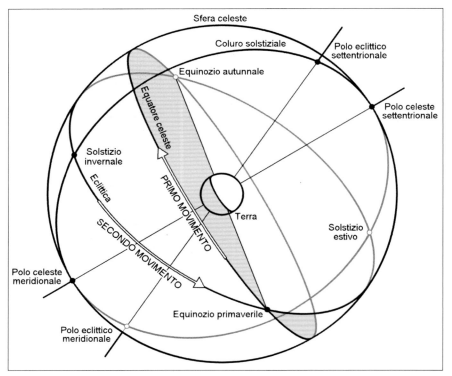

Fig. 1 – I due principali movimenti celesti.

L'armilla meridiana è il primo strumento con una scala graduata circolare documentato nell'astronomia occidentale (fig. 2). È formata da un anello di bronzo a sezione quadra diviso in 360 gradi e relative frazioni. L'anello è posto nel piano del meridiano del luogo d'osservazione e contiene un anello più piccolo, in tutto simile, che vi scorre dentro. Una faccia laterale dell'anello interno reca in punti diametralmente opposti due piastrine uguali munite di indici. Lo strumento, fissato a una colonna collocata all'aperto su un pavimento orizzontale, è posto in verticale grazie a un filo a piombo calato dalla sommità dell'anello graduato. La collocazione nel piano del meridiano è invece ottenuta muovendo l'anello graduato fino a renderlo parallelo a una linea meridiana (la direttrice nord-sud) tracciata sul pavimento. Fatto ciò, si trova la posizione del Sole in transito al meridiano ruotando l'anello interno dello strumento finché

l'ombra della piastrina superiore cade al centro di quella inferiore. La misura è letta sulla scala graduata in corrispondenza degli indici[5].

Tolomeo rende un'idea compiuta dell'armilla meridiana, ma tralascia elementi importanti: non cita gli spessori e i diametri degli anelli, e non dice come tracciare la linea meridiana sul pavimento orizzontale. Queste lacune delineano un aspetto caratteristico della *Syntaxis* che, anziché trattare uno strumento specifico, fornisce indicazioni di massima per consentire al lettore di costruirsene uno proprio. A tal fine, Tolomeo dà per scontate alcune nozioni e non pone vincoli alle risorse materiali del lettore.

Sebbene la storia documentata dell'armilla meridiana inizi con la *Syntaxis*, non mancano tentativi di attribuirne la paternità a Eratostene di Cirene (IV sec. a.C.) e di estenderne l'uso a tutta l'età alessandrina[6]. L'ipotesi appare azzardata, dato che l'uso babilonese

di dividere la circonferenza in 360 gradi sembra entrato nel mondo greco grazie a Ipparco di Nicea (II sec. a.C.)[7]. Tolomeo lascia però arguire di non essere il padre dello strumento perché, dopo averlo descritto, afferma di aver trovato un modo più pratico per osservare il Sole[8]. Con prudenza si può perciò guardare all'inizio dell'attività di Ipparco, il 147 a.C.[9], come a un termine *post quem* e alla composizione della *Syntaxis* come a un termine *ante quem* per la nascita dell'armilla meridiana.

L'interesse per lo strumento è perdurato nei secoli. Purtroppo, la perdita di gran parte del commento ai primi sei libri della *Syntaxis* scritto da Pappo d'Alessandria (IV sec.) verso il 320 fa sì che non resti traccia delle delucidazioni di questo autore sugli strumenti per osservare il Sole. Invece, nel commento scritto verso il 360 da Teone d'Alessandria (IV sec.), conservatosi per intero, la descrizione dello strumento segue la *Syntaxis* tranne per un dettaglio: l'anello interno scorrevole va mantenuto in sede con alcune piastrine applicate di lato all'anello più grande[10]. Appare però incerto se Teone abbia tratto il dettaglio da uno strumento reale.

Il sospetto che alcuni commentatori di Tolomeo scrivano per congettura emerge dall'*Hypotyposes* di Proclo Licio Diadoco (412 – 485), per il quale il diametro esterno dell'armilla meridiana è di mezzo cubito e, posto il raggio pari a 60 parti, ciascun anello componente è largo 4 parti e spesso 2 parti e mezza. Queste dimensioni permetterebbero di dividere ogni grado della scala graduata dell'anello esterno in 60 parti[11]; un dettaglio assai sospetto poiché, anche nel caso più favorevole in cui si abbia a che fare con il cubito reale egizio (c. 524 mm)[12], le divisioni di 1' individuerebbero archi di 0,04 mm scarsi. L'impressione che Proclo

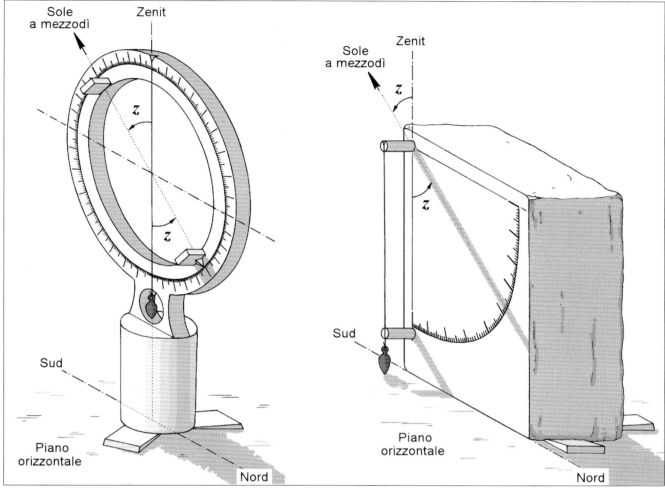

Fig. 2 – Schemi dell'armilla meridiana (a destra) e del plinto (a sinistra).

ragioni in astratto è rafforzata dalla variante che egli suggerisce per la procedura di osservazione. Collocato lo strumento su una colonna della giusta altezza e con una sezione quadrata di 8 dita (c. 15 cm), la misura si compie quando un raggio di Sole attraversa entrambi i fori che devono essere praticati al centro delle piastrine dell'anello interno[13]. Purtroppo il Sole non ha un aspetto puntiforme e l'uso dei fori introduce un errore di collimazione evitato invece con la procedura di adombramento delle piastrine descritta da Tolomeo.

Il plinto: Per evitare i problemi costruttivi dell'armilla meridiana, Tolomeo introduce uno strumento equivalente formato da una piastra di pietra o di legno (fig. 2). Su una faccia liscia e squadrata della piastra è tracciato un quarto di circonferenza diviso in 90 gradi e relative frazioni. Agli estremi del raggio verticale del quadrante rivolto a sud sono fissati due pioli cilindrici uguali e perpendicolari alla faccia dello strumento. Un piolo sporge dal centro usato per tracciare il quadrante, l'altro dall'estremo inferiore della scala graduata. Lo strumento è collocato all'aperto su un pavimento orizzontale con la faccia graduata disposta nel piano del meridiano. Per realizzare tale condizione, il lato inferiore della faccia graduata è sovrapposto alla linea meridiana tracciata sul pavimento. La verticalità rispetto all'orizzonte è invece ottenuta

regolando sottili elementi di supporto finché il filo a piombo calato dall'estremità del piolo superiore tocca l'estremità del piolo inferiore. Si può a questo punto trovare la posizione del Sole al meridiano appoggiando un oggetto alla scala graduata e annotando la divisione che meglio corrisponde al centro dell'ombra proiettata a mezzogiorno dal piolo superiore[14].

Anche in questo caso l'idea generale dello strumento appare chiara, sebbene manchino di nuovo elementi utili: il raggio del quadrante e le istruzioni per tracciare la linea meridiana. La modalità di misura è invece ben definita con l'introduzione dell'oggetto, forse un piccolo tassello, da appoggiare alla scala graduata per individuare

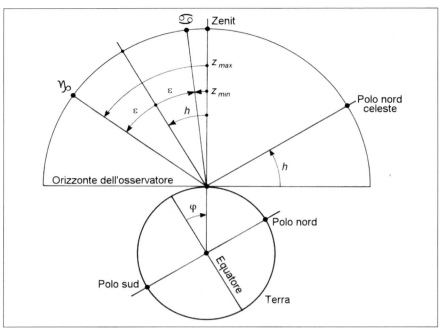

Fig. 3 – Le distanze zenitali meridiane massima (z_{max}) e minima (z_{min}) del Sole, l'obliquità dell'eclittica (ε), l'altezza del polo celeste (h) e la latitudine dell'osservatore (φ).

il centro di un'ombra che, quando il Sole transita al meridiano, risulta radente e indistinta[15].

Diversamente dal caso dell'armilla meridiana, non si registrano tentativi per retrodatare la nascita del plinto. Il modo in cui Tolomeo lo introduce è apparso una rivendicazione di paternità che ha evitato confusione con alcuni orologi solari. Di fatto, negli strumenti di quest'ultimo genere posti nel piano del meridiano, anziché un quadrante graduato compaiono delle linee orarie radiali[16]. Questi orologi sono inoltre pensati per operare nella prima o nella seconda metà del giorno, mentre il plinto funziona solo a mezzogiorno. La somiglianza lascia tuttavia supporre che da strumenti del genere Tolomeo abbia tratto ispirazione. Del resto Marco Vitruvio Pollione (I sec. a.C.) riferisce nel *De Architectura* che tale Scopinas di Siracusa inventò un orologio solare chiamato *plinthium*[17].

Più curioso è il peso dato al plinto dai commentatori di Tolomeo. La descrizione di Teone con-templa un solo elemento nuovo: per verificare l'orizzontalità del piano di supporto si usano la "li-vella a due gambe" (*diabetes*) o la "livella a forma di A" (*alfarion*), entrambe simili al corobate[18]. In alternativa il piano è posizionato a dovere quando l'acqua che vi si versa non scorre via[19]. L'indicazio-ne pare utile più al muratore che all'astronomo; ma a ben guardare Teone sembra pensare a un pia-no di supporto mobile e, di con-seguenza, a un plinto portatile. Lo strumento è invece passato sotto silenzio da Proclo.

Tolomeo chiarisce indiretta-mente che le scale graduate del-l'armilla meridiana e del plinto iniziano con la direzione del filo a piombo e toccano i 90° con la direzione orizzontale. Egli precisa infatti che con entrambi gli stru-menti si misura la distanza zenitale del Sole al meridiano, cioè l'ango-lo fra il punto della sfera celeste sulla verticale dell'osservatore e il centro del disco solare[20]. La serie delle distanze zenitali meridiane

ottenute lungo un anno è sempre compresa fra un massimo e un mi-nimo che portano a tre importanti risultati:

La differenza fra il massimo e il minimo dà l'angolo di separa-zione fra i punti in cui i tropici del Cancro e del Capricorno tagliano il meridiano (fig. 3). Senza citare dati specifici, Tolomeo conclude che i due valori non cambiano negli anni e che l'arco di meridia-no fra i tropici è compreso fra 47° 2/3 e 47° 3/4. L'esito corrisponde, secondo Tolomeo, al rapporto di 11/83 di circonferenza già trovato da Eratostene e usato da Ipparco[21]. L'angolo equivalente alla frazione di Eratostene, 47° 42' 40"[22], è infatti intermedio fra gli estremi dati nel-la *Syntaxis*. L'obliquità dell'eclitti-ca, pari a metà di questo angolo, ammonta perciò a 23° 51' 20" o, senza perdere troppo in precisio-ne, a 23° 51'[23].

La media fra i valori massimo e minimo corrisponde alla distanza zenitale del punto in cui l'equato-re celeste taglia il meridiano (fig. 3)[24]. Tolomeo non riferisce subito il valore trovato, ma lo presenta più oltre, quando gli è necessario intro-durlo nei calcoli per definire la teo-ria del moto lunare. Questo valore, 30° 58', corrisponde alla latitudine di Alessandria[25].

Quando raggiunge i valori mas-simo e minimo il Sole si trova ri-spettivamente ai solstizi invernale ed estivo. L'individuazione dei rela-tivi istanti permette di misurare in quanto tempo il Sole percorre la metà inverno-primavera e la metà estate-autunno dell'eclittica. An-che in questo caso Tolomeo rinvia l'esposizione dei dati a quando gli è necessario introdurli nei calco-li per definire la teoria del moto solare. Fatto notevole, nell'unica osservazione di propria mano che rammenta, eseguita nel 140, il sol-stizio estivo cade due ore dopo mezzanotte[26]. Ciò rivela che stabi-lire i solstizi richiedeva di interpolare i dati di più transiti successivi del Sole al meridiano. Infatti, nei giorni prossimi al solstizio, non solo la distanza zenitale meridiana del Sole è quasi stazionaria, ma l'istante stesso del solstizio coincide di rado con il mezzogiorno.

L'armilla equatoriale è trattata da Tolomeo più in dettaglio dal lato storico che da quello tecnico. La *Syntaxis* non contiene descrizioni dello strumento, che però è menzionato tre volte. La prima menzione rientra in una citazione da un trattato *Sullo spostamento dei punti solstiziali e equinoziali* dove Ipparco nota che l'istante dell'equinozio era misurabile con precisione quando l'illuminazione della superficie concava dell'anello di bronzo posto nella Stoa quadrata di Alessandria passava da un lato all'altro[27]. Più oltre Tolomeo cita un altro passo dal medesimo trattato dove Ipparco richiama due osservazioni dell'equinozio primaverile del 146 a.C.; in una di esse l'anello di Alessandria appariva ugualmente illuminato da entrambi i lati[28]. Tolomeo nota infine un esempio di cattiva posa in opera di due armille equatoriali situate nella Palestra di Alessandria. Sebbene credute fisse nel piano dell'equatore celeste, nel giorno dell'equinozio vi si produceva un doppio cambiamento di illuminazione della superficie concava, particolarmente evidente nella più grande e vecchia[29].

Le due citazioni indicano che una armilla equatoriale esisteva da tempo a Alessandria, collocata in un luogo di pubblica utilità. Non emergono però prove che Ipparco, pur conoscendone i risultati, si sia recato a Alessandria e la abbia usata, così come, più in generale, non si può asserire che egli abbia adoperato questo tipo di strumento[30]. Appare invece evidente che l'armilla equatoriale non fu inventata da Ipparco e che se ne può solo fissare al 146 a.C. il termine *ante*

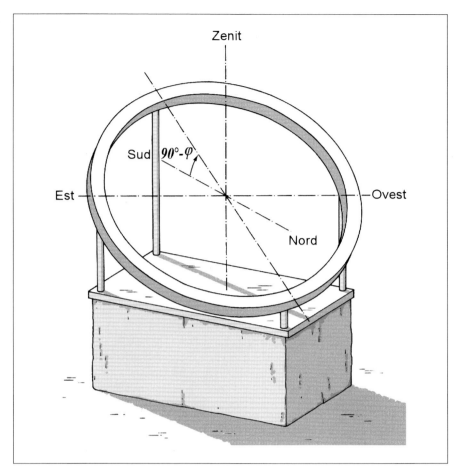

Fig. 4 – *Schema dell'armilla equatoriale.*

quem per l'ideazione[31]. Il terzo passo della *Syntaxis* e le date degli equinozi che Tolomeo dice di avere osservato[32], permettono invece di apprendere che fra il 132 e il 140 si trovavano a Alessandria, in un altro luogo di utilità pubblica, altre due armille equatoriali, una più grande e vecchia, l'altra più piccola e recente.

La *Syntaxis* suggerisce che il cuore dello strumento era un anello di bronzo non graduato posto nel piano dell'equatore celeste (fig. 4). La menzione di una superficie concava chiarisce che l'anello aveva sezione quadrangolare[33]. Le dimensioni restano ignote, ma è evidente che artefici di epoca diversa si sentivano liberi di fare anelli di differente diametro. Si può altresì intuire che la collocazione dello strumento presupponeva di trac-

ciare la linea meridiana: il diametro est-ovest dell'anello deve essere parallelo all'orizzonte, mentre il diametro nord-sud deve formare con la verticale un angolo pari alla latitudine del luogo. La particolare disposizione lascia ipotizzare che, su una eventuale base in muratura[34], l'anello fosse sorretto da tre o quattro supporti[35]: la regolazione di due supporti alle estremità del diametro est-ovest avrebbe permesso di realizzarne l'orizzontalità con l'ausilio di un dispositivo di livellamento; la regolazione di almeno un terzo supporto avrebbe completato l'orientamento, forse grazie a una sagoma di confronto inserita fra la linea meridiana e l'anello[36].

L'esplicito richiamo a ben tre strumenti specifici indica un'ampia diffusione dell'armilla equatoriale, fatto che può chiarire perché

Tolomeo non la descriva più in dettaglio. Lo strumento era noto e accessibile, collocato da secoli in alcuni luoghi pubblici di Alessandria, dove le osservazioni di equinozi acquisivano un'importanza calendariale[37]. La situazione è confermata un paio di secoli dopo: Teone precisa che a Alessandria esisteva ancora ai suoi giorni un'armilla equatoriale del diametro di due cubiti[38]. Anche questo strumento non sembra invece interessare Proclo.

Le citazioni da Ipparco indicano che l'istante dell'equinozio era colto mediante l'osservazione dell'ombra proiettata dall'armilla equatoriale in se stessa. Un primo metodo consisteva nel rilevare quando l'illuminazione della superficie concava dell'anello passava da un lato all'altro.

Per esempio, prima dell'equinozio di primavera il Sole avanza verso l'equatore dalla metà australe dell'eclittica e produce ombre dirette verso l'emisfero boreale, lasciando in luce il bordo inferiore della superficie concava. Superato l'equatore, il Sole procede nella metà boreale dell'eclittica e produce ombre dirette verso l'emisfero australe, lasciando in luce il bordo superiore della superficie concava. L'equinozio cade a metà fra i due istanti in cui si osservano illuminazioni antisimmetriche dei due bordi. Un secondo metodo coglieva invece l'equinozio quando la superficie concava era ugualmente illuminata ai due bordi. In quanto sorgente luminosa estesa, il Sole genera ombre che si restringono allontanandosi dagli oggetti che le proiettano.

All'equinozio il Sole giace nel piano dell'equatore e in quello dell'anello; l'ombra dell'armilla equatoriale, più stretta rispetto allo spessore dell'anello, appare al centro della superficie concava. L'equinozio cade nell'istante in cui

si osserva una illuminazione simmetrica dei due bordi[39].

Il ritorno del Sole allo stesso equinozio permette di stimare la durata dell'anno. Per determinarla con precisione Tolomeo ricorre a un metodo molto antico: misurare il tempo compreso fra più ritorni del Sole al medesimo equinozio. L'errore di una singola osservazione viene così diviso per il numero dei ritorni considerati; più grande sarà questo numero, più piccolo sarà l'errore sulla durata dell'anno[40]. Tolomeo ha ottime ragioni per adottare questo metodo: lo stesso Ipparco ammetteva che, al pari di Archimede di Siracusa (c. 287 – 212 a.C.), aveva osservato i solstizi con errori di un quarto di giorno[41]. Attento alla precisione, Tolomeo stima che uno strumento fuori posto di appena $1/3600$ della circonferenza del meridiano può introdurre un errore analogo agli equinozi; e l'errore può essere maggiore in quegli strumenti fissi la cui collocazione non sia verificata prima delle osservazioni[42]. Simili valutazioni mostrano che Ipparco, e forse anche Archimede, erano già sensibili alla necessità di stimare l'errore indotto nelle osservazioni dai limiti materiali degli strumenti. In proposito, il cenno a una dislocazione di $1/3600$ di circonferenza suggerisce che $1/10$ di grado fosse la minima divisione delle scale graduate degli strumenti alessandrini[43].

Più delicato è il caso del doppio cambiamento di illuminazione che Tolomeo riscontra nelle armille equatoriali della Palestra di Alessandria. Al di là di eventuali distorsioni,[44] anche una armilla equatoriale perfetta poteva produrre anomalie. Nell'*Ottica*, scritta alcuni anni dopo la *Syntaxis*,[45] è Tolomeo stesso a notare che alla superficie di separazione fra l'aria atmosferica e l'etere cosmico si produce una rifrazione dovuta alla diversa densità dei due elementi e che, di conse-

guenza, gli astri vicini all'orizzonte appaiono più spostati verso lo zenit rispetto a quando sono alti nel cielo[46]. La tarda scoperta di questa rifrazione fece sì che nelle osservazioni preparatorie alla *Syntaxis* Tolomeo poté solo subirne gli effetti. Nel seguire il Sole dall'alba al tramonto, un'armilla equatoriale poteva evidenziare il fenomeno inopinato fino a realizzare intorno all'equinozio due o tre cambiamenti di illuminazione della superficie concava[47].

Malgrado le difficoltà Tolomeo include nella *Syntaxis* tre osservazioni di equinozi compiute fra il 132 e il 140[48]. Queste osservazioni, abbinate a quelle fatte tre secoli prima da Ipparco, gli permettono di stabilire la lunghezza dell'anno in 365 giorni più $1/4$ meno $1/300$[49], nonché di stimare i tempi impiegati dal Sole per percorrere la metà primavera-estate e la metà autunno-inverno dell'eclittica. In questo modo Tolomeo dispone di tutti gli elementi per costruire una teoria del moto solare.

3. L'OSSERVAZIONE DELLA LUNA

La teoria solare permette di ubicare le principali circonferenze celesti fino al tramonto; un risultato curioso per una materia, l'astronomia, che in massima parte riguarda l'osservazione notturna degli astri. Per risolvere il problema Tolomeo passa a studiare il moto lunare. La Luna è visibile sia prima che dopo il tramonto e, conoscendone la posizione rispetto al Sole, si può trasferire alla notte l'informazione sulle circonferenze celesti acquisita per il giorno. Per trovare la longitudine e la latitudine della Luna rispetto all'eclittica Tolomeo introduce lo "strumento astrolabico" (*astrolábon orgánon*). Per correggere tali coordinate per gli effetti prospettici dovuti alla notevole vicinanza della Luna alla Terra, introduce lo "strumento parallattico" (*orgánon parallaktikón*). Infine, per misurare il diametri apparenti delle Luna e del Sole ricorre alla "diottra di quattro cubiti" (*tetrapécous kanónos dióptran*). I tre strumenti diverranno noti come "astrolabio armillare", "triquetro" (per la forma triangolare) e "diottra di Ipparco".

Agli strumenti materiali, Tolomeo ne abbina uno concettuale. La vicinanza alla Terra fa sì che la posizione lunare apparente — che l'osservatore misura dal luogo in cui si trova — e la posizione lunare vera — che l'osservatore misurerebbe dal centro della Terra, il punto al quale occorre riferite i moti celesti — coincidono solo se la Luna è allo zenit[50]. Negli altri casi l'astronomo deve conoscere la "parallasse lunare", cioè la differenza angolare fra le due posizioni (fig. 5). La circostanza produrrebbe uno stallo se non si dessero eventi peculiari: nella fase di massimo oscuramento di una eclisse lunare il Sole e la Luna sono diametralmente opposti rispetto alla Terra. Qualunque sia la parallasse che ne influenza la posizione apparente, la Luna ha una longitudine di 180° in più del Sole[51].

Il "metodo delle eclissi", già usato da Ipparco[52], sfruttava questi fenomeni per determinare sul più lungo intervallo di tempo possibile i principali periodi del complicato moto lunare. Nel caso specifico Tolomeo lo applica abbinando tre eclissi registrate a Babilonia nell'VIII secolo a.C. a tre eclissi da lui stesso osservate a Alessandria[53]. Si può dimostrare che, in questo modo, era possibile cogliere la longitudine della Luna piena con un errore di appena 1/5 di grado[54].

L'astrolabio armillare: Il metodo delle eclissi porta a una teoria lunare valida solo ai pleniluni[55]. Una teoria generale richiede

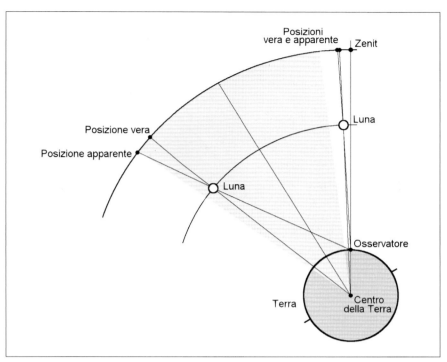

Fig. 5 – La parallasse lunare.

di compiere osservazioni in vari punti della lunazione con uno strumento il cui nucleo è formato da due anelli uguali a sezione quadrata uniti a angolo retto lungo un diametro comune (fig. 6). Un anello rappresenta l'eclittica, divisa in 360 gradi e relative frazioni, e l'altro la circonferenza passante per i solstizi, i poli celesti e i poli eclittici. In coincidenza di questi ultimi il secondo anello reca due perni cilindrici sporgenti all'esterno e all'interno. I perni sorreggono all'esterno un anello girevole che sfiora la superficie convessa degli anelli uniti e all'interno un altro anello girevole che sfiora la superficie concava degli anelli uniti. Anche questo anello interno è diviso in 360 gradi e relative frazioni, in più contiene un ulteriore anello sottile, scorrevole e munito di due mire forate diametralmente opposte. L'anello che rappresenta la circonferenza passante per i solstizi e per i poli celesti reca in coincidenza di questi ultimi altri due perni che si inseriscono in un

anello fisso, posto in opera come l'armilla meridiana[56].

Ancora una volta la descrizione generale esclude elementi costruttivi specifici: i materiali da usare (forse il bronzo)[57], i raggi e gli spessori dei sei anelli annidati gli uni negli altri[58], e la minima divisione delle scale graduate. Attraverso il rinvio all'armilla meridiana Tolomeo lascia invece intendere che l'astrolabio armillare va messo all'aperto, su una colonna posta su un pavimento orizzontale, e che per la corretta collocazione servono sia un filo a piombo, sia una linea meridiana.

La *Syntaxis* è il primo testo a menzionare l'astrolabio armillare, la cui complessità e la circostanza che Tolomeo non dichiari di averlo ideato hanno ispirato due congetture storiografiche antitetiche. Per i sostenitori della prima congettura l'armilla meridiana sarebbe stata unita all'armilla equatoriale per formare una gabbia dove innestare un terzo anello girevole intorno ai poli celesti. Lo strumento risul-

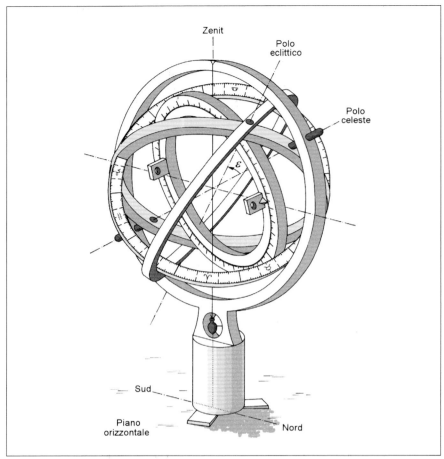

Fig. 6 – Schema dell'astrolabio armillare.

tante sarebbe stato usato prima di Ipparco per rilevare le coordinate degli astri rispetto all'equatore celeste. La scoperta di una lentissima rotazione della sfera delle fisse intorno ai poli dell'eclittica — la precessione degli equinozi — avrebbe suggerito a Ipparco di abbandonare l'assetto equatoriale per quello eclittico e di passare da un astrolabio armillare a tre o quattro anelli allo strumento descritto nella *Syntaxis*[59]. Per i sostenitori della seconda congettura l'astrolabio armillare nasce invece da uno strumento "completo" o "universale" utilizzato da Ipparco e chiamato "meteoroscopio". Questo strumento sarebbe già stato noto a Eratostene, del quale né Ipparco né Tolomeo avrebbero perfezionato i metodi osservativi. L'astrolabio armillare della *Syntaxis* costituireb-

be perciò uno strumento "incompleto" la cui riduzione spetterebbe a Tolomeo[60].

La seconda congettura appare più problematica sia perché non chiarisce l'origine dello strumento universale, sia perché il meteoroscopio è avvolto in una nube d'incertezza. Nella *Geografia* Tolomeo asserisce di avere già riferito come costruire lo strumento meteoroscopico (*orgánon meteoroskopikon*)[61], ma di tale descrizione non sembra conservarsi traccia. Egli lo dà come utile in alcune misure astronomiche con applicazione geografica[62], ma il relativo elenco delinea in modo confuso uno strumento con alcuni anelli in assetto equatoriale. La confusione cresce sia per l'affinità semantica fra i due termini "meteoroscopio" (*meteoron*, corpo celeste + *skopeo*,

osservo) e "astrolabio" (*astron*, astro + *lambáno*, prendo), sia per le posizioni assunte dai commentatori di Tolomeo. Per Pappo i due strumenti si somigliano, ma il meteoroscopio ha solo mezzo cubito di diametro[63]. Proclo ricorda invece il meteoroscopio come uno strumento più versatile, composto da nove anelli[64]. In conclusione, la *Syntaxis* e la *Geografia* conducono a fissare solo un termine *ante quem* per l'ideazione di entrambi gli strumenti coincidente con l'attività di Tolomeo.

Il ruolo dei commentatori è peraltro delicato. Pappo offre alcuni dettagli dell'astrolabio armillare che travalicano le lacune della *Syntaxis*. Lo strumento è formato da parti in bronzo o in ottone saldate con lega di stagno[65], l'anello esterno ha un diametro di un cubito, mentre i singoli anelli sono larghi e spessi $1/60$ di cubito[66]. L'anello più interno scorrevole è trattenuto nel successivo da staffe a forma di "π"[67]. I perni che individuano l'asse dei poli celesti vanno poi fissati a una coppia di anelli analoga all'armilla meridiana, in modo che, se si traccia sull'anello meridiano esterno una scala delle latitudini geografiche, lo strumento può adattarsi all'uno o all'altro luogo d'osservazione ruotando l'anello meridiano interno[68]. Infine, l'intero strumento non deve essere posto su una colonna, ma tenuto sospeso nel piano del meridiano[69]. Le due ultime precisazioni stridono con la *Syntaxis* e fanno supporre che Pappo prenda spunto da uno strumento portatile di cui dispone.

Come Pappo, anche Teone e Proclo propongono un astrolabio armillare a sette anelli[70]. Proclo offre in più dettagli tecnici sull'incastro dei due anelli uniti lungo un diametro comune e descrive l'aspetto delle varie scale graduate. L'anello dell'eclittica deve riportare sulla superficie convessa una divisione nei dodici segni zodiacali e sulla faccia laterale superiore una scala graduata divisa in 360°, in modo da leggervi le posizioni dei due anelli girevoli esterno e interno. L'anello interno è anch'esso diviso in 360° su una faccia laterale, in modo da leggervi l'inclinazione delle mire connesse all'anello ancora più interno[71].

L'astrolabio armillare materializza alcune circonferenze celesti e permette di orientarle seguendo i due movimenti principali: da est verso ovest intorno ai poli celesti e da ovest verso est intorno ai poli dell'eclittica. Quando il Sole e la Luna appaiono entrambi sopra l'orizzonte, si ferma l'anello girevole esterno sull'anello dell'eclittica in corrispondenza della longitudine calcolata del Sole per il giorno d'osservazione. Si ruota quindi lo strumento intorno ai poli celesti e lo si rivolge verso il Sole, facendo sì che l'anello girevole esterno proietti la propria ombra in se stesso. Mantenendo questo primo allineamento, si ruota l'anello girevole interno finché si scorge la Luna attraverso le mire forate dell'anello ancora più interno. La longitudine della Luna è data dal grado in cui l'anello girevole interno tocca l'anello dell'eclittica, la latitudine dal grado dell'anello girevole interno corrispondente all'angolo fra la direzione delle mire e il centro dell'anello dell'eclittica[72].

Tolomeo espone sette osservazioni lunari eseguite con l'astrolabio armillare[73]. Quando si ricostruiscono le posizioni lunari relative a tali osservazioni, si constata che le longitudini sono affette da un errore sistematico prodotto dall'ormai inadeguata teoria solare di Ipparco avallata da Tolomeo[74]. Se però si prescinde dall'errore sistematico, si scopre che lo strumento portava a determinare la longitudine della Luna rispetto al Sole con un errore di circa 25'[75].

Il triquetro: L'elaborazione di una adeguata teoria lunare esige

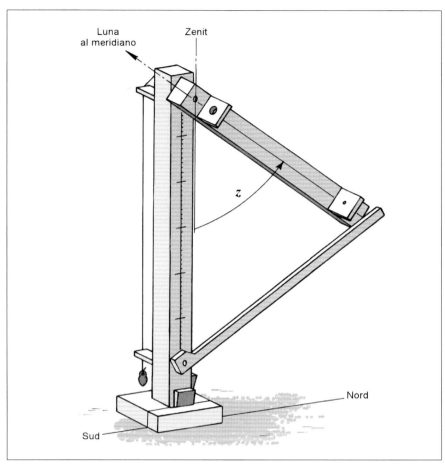

Fig. 7 – Schema del triquetro.

di correggere le posizioni trovate con l'astrolabio armillare per la parallasse. Determinare tale angolo è un compito impegnativo: occorre costruire uno strumento per rilevare minime differenze angolari, individuare congiunture celesti favorevoli e, infine, eliminare gli effetti delle intrinseche deviazioni della Luna dall'eclittica.

Riguardo al primo aspetto dell'indagine Tolomeo afferma di aver costruito uno strumento grande e sensibile formato da due regoli rettangolari lunghi almeno quattro cubiti e abbastanza spessi da evitare distorsioni (fig. 7). I regoli sono imperniati a una estremità delle rispettive linee mediane. Il primo è inserito in una base, mentre il secondo, libero di girare, reca alle estremità due piastre parallele uguali e forate al centro. La piastra

per l'occhio ha un foro più piccolo, l'altra ne ha uno più grande in modo che guardando attraverso entrambe appaia l'intero disco lunare. Su ciascun regolo, a partire dal punto di giunzione, sono individuati due segmenti mediani di uguale lunghezza. Il segmento del regolo con la base è diviso in 60 parti e relative frazioni; esso è inoltre posto in verticale grazie a un filo a piombo sospeso fra due piastre uguali e parallele collocate alle opposte estremità sul retro del regolo. Lo strumento è quindi collocato all'aperto in modo che il regolo girevole rimanga sempre nel piano del meridiano individuato da una linea meridiana tracciata sul pavimento orizzontale. Un terzo regolo più sottile è imperniato all'estremità inferiore del segmento graduato del regolo con la base.

Esso permette di stabilire la distanza fra le estremità del segmento graduato e di quello non graduato sul regolo girevole[76].

La descrizione omette ancora una volta il materiale costruttivo, probabilmente il legno[77]. Diversamente dal solito include la lunghezza consigliata per i regoli maggiori, ma non la minima divisione della scala graduata verticale. Quanto alla posa in opera, in analogia con l'armilla meridiana e il plinto, si può immaginare che l'orientamento avvenga regolando alcuni elementi di supporto inseriti fra il regolo verticale e la base[78]. Il lettore deve infine rassegnarsi a non sapere come si traccia la linea meridiana.

Il triquetro appare una creazione di Tolomeo, come Pappo sembra confermare; questo commentatore appare infatti attento a appianare le incongruità del nuovo strumento. Per Pappo il regolo più sottile deve essere rinforzato in corrispondenza del proprio perno[79]; inoltre, per potersi appoggiare alla scala graduata verticale, deve scivolare fra gli altri due. Il regolo girevole superiore deve perciò essere separato quanto basta dal regolo con la base. Il terzo regolo deve anche essere più corto della scala graduata, o batterebbe nel perno superiore[80]. Quanto al regolo girevole superiore, esso non può terminare a angolo retto, o toccherebbe il regolo più sottile ora con uno spigolo, ora di piatto, ora con l'altro spigolo. Pappo crede di risolvere il problema facendo terminare il regolo girevole superiore con uno smusso semicircolare[81]. Aggiunge infine un secondo filo a piombo calato da metà del regolo girevole superiore fino al regolo sottile, così da cogliere la minima deviazione di entrambi dal piano del meridiano[82].

Teone segue il dettato di Pappo[83], mentre Proclo si limita ad asserire che, per determinare la parallasse e l'inclinazione della circonferenza lunare rispeto all'eclittica, Tolomeo introduce uno strumento che non occorre descrivere. Da un lato egli stesso lo ha descritto bene a sufficienza[84], dall'altro le misure che se ne ottengono possono compiersi con l'armilla meridiana. Con questa, per esempio, si può trovare l'inclinazione della circonferenza lunare[85].

Il triquetro aggira la difficoltà materiale di costruire una scala graduata circolare tanto grande da apprezzare minime frazioni di grado. Del resto lo strumento equivale a una scala graduata circolare più di quanto non sembri: le estremità dei due regoli maggiori delineano un triangolo isoscele la cui base è la corda sottesa dall'angolo compreso fra due raggi di circonferenza. La divisione in 60 parti della scala graduata verticale serve poi per abbinare lo strumento alla tavola delle corde di circonferenza calcolata da Tolomeo a partire da un diametro base di 120 parti[86]. Lo strumento permette quindi di passare dalla corda, individuata con il regolo sottile, all'angolo al vertice dei due regoli maggiori; cioè alla distanza zenitale meridiana della Luna[87].

Per trovare la parallasse lunare, il triquetro va però usato in congiunture celesti propizie: la Luna deve trovarsi al meridiano, vicina all'uno o all'altro solstizio e in prossimità dei punti di massima distanza intrinseca dall'eclittica[88]. Solo una volta ogni 19 anni la Luna capita in prossimità del solstizio estivo e, in più, tocca la massima distanza settentrionale dall'eclittica, transitando al meridiano a soli 2° e 1/8 dallo zenit di Alessandria[89]. In tale rara evenienza, la parallasse è trascurabile e, note la latitudine della città e l'obliquità dell'eclittica, Tolomeo stabilisce che la circonferenza della Luna è inclinata di 5° sull'eclittica[90].

Il risultato permette di trovare la parallasse presente in una congiuntura celeste antitetica. Una volta ogni 19 anni la Luna capita in prossimità del solstizio invernale e, in più, tocca la massima distanza meridionale dall'eclittica. In questo caso la parallasse raggiunge il massimo valore misurabile. In proposito, Tolomeo riferisce una sola osservazione, eseguita nel 135, che però non risponde in tutto alle condizioni ottimali. A fronte di una distanza zenitale calcolata di 49° 48', egli trova una distanza sul regolo più sottile di 51 parti e 7/12, equivalenti a 50° e 11/12[91]. Oltre a dare un indizio su una probabile divisione in dodicesimi della scala graduata del triquetro[92], l'osservazione evidenzia una differenza di 1° 7' fra calcolo e osservazione dovuta alla parallasse lunare[93].

La diottra di Ipparco: Per completare la teoria lunare Tolomeo si dedica ai diametri apparenti del Sole e della Luna. L'indagine richiede uno strumento di diversa concezione rispetto ai precedenti, capace di misurare angoli minori di un grado. In proposito, Tolomeo asserisce di aver costruito il tipo di diottra già descritto da Ipparco, che impiega un regolo di quattro cubiti[94]. Aggiunge poi che la misura richiede di posizionare uno spessore coprente, o piastra, rispetto alla lunghezza del regolo[95].

A rigore il termine "diottra" (*dióptra* < *diá opteúo*, osservo attraverso) vale per qualsiasi dispositivo munito di mire; tuttavia, anche i pochi cenni della *Syntaxis* permettono di riconoscere il "grande regolo" (*makrou kanónos*) descritto da Archimede nell'*Arenario*[96]. Il regolo è posto in orizzontale su un supporto verticale, in modo da osservare il Sole basso sull'orizzonte senza danno per la vista. Messo l'occhio a una estremità del regolo, si sposta avanti e indietro un piccolo cilindro tornito verticale finché il disco solare è esattamente coperto[97].

L'identificazione esclude che la diottra menzionata da Tolomeo sia attribuibile a Ipparco. In più, il fatto che Archimede premetta di aver stimato l'angolo sotteso dal Sole allo stesso modo di Aristarco di Samo (c. 310 – 230 a.C.)[98], porta a fissare come termine *ante quem* per l'ideazione della diottra la metà del III secolo a.C. Quanto la *Syntaxis* non permette invece di capire è la forma in cui Ipparco e Tolomeo adottano uno strumento che registra varianti significative da un autore all'altro. Tolomeo stesso, in luogo del cilindro tornito, pone sul regolo uno spessore o piastra. Pappo vi pone invece due piastrine rettangolari: la prima, per l'occhio, è fissa e ha un foro centrale; la seconda, scorrevole in una scanalatura del regolo, è piena[99]. Questa struttura è confermata da Teone[100], mentre Proclo, fermi il regolo e la piastrina oculare, pone verso il Sole una piastrina scorrevole con due fori sovrapposti[101].

Un indizio sullo strumento di Tolomeo emerge da un inconveniente della misura rilevato da Archimede. In teoria l'angolo sotteso dal disco solare è dato dal rapporto fra il diametro del cilindro coprente e la distanza del cilindro dall'occhio di chi osserva. In pratica, però, l'occhio non vede da un punto, ma attraverso l'apertura circolare della pupilla, così che quando l'osservatore scorge il Sole del tutto coperto, il cilindro è più vicino del dovuto. Con opportune valutazioni, il diametro solare apparente può soltanto dirsi maggiore di 1/200 e minore di 1/164 dell'angolo retto[102].

Questo sembra essere il problema che induce Tolomeo a diffidare della diottra e a sostituirla con lo studio dei diametri apparenti dell'ombra proiettata dalla Terra e della Luna in eclisse[103]. Ciò fa pensare che Tolomeo adotti una diottra ancora priva della piastrina oculare forata (fig. 8) che, riducen-

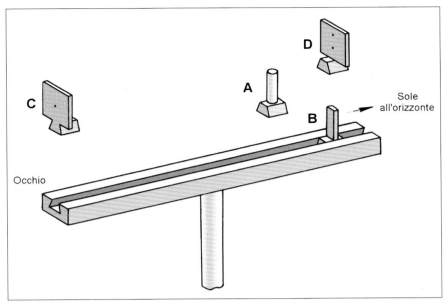

Fig. 8 – Schema della diottra di Ipparco: A) cilindro obbiettivo di Archimede, B) piastrina obbiettiva di Tolomeo e Pappo, C) piastrina oculare di Pappo e Proclo, D) piastrina obbiettiva di Proclo.

do il diametro della pupilla, avrebbe reso l'osservazione più precisa. Una conferma viene dal *Papiro Oslo 73*, risalente al I-II secolo, dove si cita una diottra munita di un'unica piastrina quadrangolare[104]. L'introduzione della piastrina oculare forata è perciò successiva alla *Syntaxis* e anteriore all'attività di Pappo. L'ulteriore innovazione di Proclo avviene invece, ancora una volta, in ambito ipotetico; poiché il Sole è coperto dalla piastrina mobile, non si può sapere se dai due fori sovrapposti trapelano proprio i bordi del disco solare.

4. L'OSSERVAZIONE DELLE STELLE FISSE E DEI PIANETI

La definizione di una teoria lunare permette di trasferire dal giorno alla notte la nozione delle principali circonferenze celesti acquisita grazie alla teoria solare. L'osservazione delle stelle e dei pianeti prende quindi le mosse dalla posizione calcolata della Luna, in base alla quale occorre impostare l'anello girevole

esterno dell'astrolabio armillare rispetto all'anello dell'eclittica. Lo strumento va quindi ruotato in solido intorno ai poli celesti finché il centro della Luna appare nel piano dell'anello girevole. A questo punto si può puntare la stella attraverso le mire forate della coppia di anelli più interni per trovarne longitudine e latitudine[105]. Per maggiore chiarezza Tolomeo espone una osservazione della stella Regolo da lui compiuta nel 139[106]. Allo stesso modo egli determina le posizioni di alcune stelle luminose vicine all'eclittica, che diventano le depositarie ultime dell'informazione sulla disposizione delle principali circonferenze celesti già trasferita dal Sole alla Luna. Riferendosi a queste stelle si può compiere ogni altra osservazione; basta predisporre l'anello girevole esterno dell'astrolabio armillare rispetto all'anello dell'eclittica secondo la longitudine di una stella di riferimento, ruotare in solido lo strumento intorno ai poli celesti finché la stella appare nel piano dell'anello girevole e, infine, misurare le coordinate eclittiche dell'astro desiderato con la coppia di anelli più interni[107].

Un importante esito di questa procedura è il catalogo stellare della *Syntaxis*[108], che Tolomeo asserisce di aver stabilito con misure compiute all'inizio del regno di Antonino[109], cioè nel 137. In una nota di metodo, egli precisa che solo le coordinate eclittiche ricavate con l'astrolabio armillare permettono di prolungare la validità di un catalogo stellare. Se si misurassero le coordinate equatoriali, esse subirebbero nel tempo complicate variazioni dovute alla diversa simmetria della precessione degli equinozi. Siccome, secondo Ipparco, la precessione fa ruotare la sfera delle fisse di 1° ogni 100 anni intorno ai poli dell'eclittica[110], la latitudine eclittica di una stella non cambia, mentre la longitudine eclittica può essere agevolmente aggiornata con un incremento proporzionale al tempo trascorso dall'osservazione[111].

Il catalogo della *Syntaxis* consiste perciò in un elenco di longitudini e latitudini eclittiche di 1025 stelle espresse in gradi e loro frazioni fino a 1/6°. Se si confrontano tali coordinate con le posizioni stellari calcolate per l'anno 137 e si prescinde dall'errore sistematico dovuto all'adozione tolemaica del modello solare di Ipparco, si riscontrano errori medi di 35' in longitudine e di 19' in latitudine[112]. Questi errori danno una indicazione sulla precisione delle misure condotte con uno strumento complesso come l'astrolabio armillare. Tuttavia, se analizzati con metodi statistici, gli errori sulle posizioni delle singole stelle rivelano che il catalogo deriva da un adattamento di coordinate risalenti all'epoca di Ipparco. Sebbene il tipo di elaborazione condotto da Tolomeo resti ignoto, si può ancora accertare la simmetria equatoriale delle osservazioni originarie[113]. Il risultato suggerisce che Ipparco operò a Rodi con un astrolabio armillare equatoriale. In

seguito, la struttura dello strumento fu modificata in eclittica, vuoi per sciogliere i problemi derivanti dalla precessione degli equinozi, vuoi perché i moti planetari, nel cui studio l'astronomia alessandrina si andava specializzando, avvengono lungo l'eclittica.

Non è possibile sapere se tale modifica sia opera di Tolomeo; in compenso sussistono indizi che l'astrolabio armillare equatoriale non scomparve del tutto. A proposito della rifrazione astronomica, Tolomeo sottolinea nell'*Ottica* che gli astri che sorgono o tramontano declinano di più verso settentrione, come rivelano le osservazioni compiute con lo "strumento per misurare gli astri"[114]. Ma in che modo Tolomeo poteva misurare declinazioni di stelle vicine all'orizzonte con un astrolabio armillare eclittico? Egli doveva disporre di uno strumento dotato di un anello delle declinazioni rotante intorno a un asse polare, cioè di un astrolabio armillare equatoriale (forse proprio il fantomatico meteoroscopio).

Nella *Syntaxis* compaiono anche 26 osservazioni di pianeti che Tolomeo dichiara di aver compiuto di persona[115]. Per sette di esse asserisce di aver usato l'astrolabio armillare; per 17 fa intendere di essersi appoggiato a una stella di riferimento. Le 26 osservazioni non hanno mai riscosso particolare attenzione. In primo luogo, fino alla fine del Novecento, ricostruire posizioni planetarie antiche richiedeva un lavoro estenuante. In secondo luogo, il criterio di datazione usato da Tolomeo ha ancora aspetti oscuri[116]. Infine, il giudizio storiografico sulla presunta consuetudine tolemaica di produrre a tavolino i dati "osservativi" a conferma dei propri modelli planetari ha inibito ogni curiosità. L'avvento del *computer* ha per fortuna modificato l'equilibrio euristico fra i tempi di calcolo e l'eventuale realizzarsi di un'aspettativa storiogra-

fica. È così possibile riscontrare che, purché si conduca l'analisi tenendo conto della funzione delle stelle di riferimento, l'errore commesso da Tolomeo nell'osservare le posizioni dei pianeti è contenuto. La circostanza dimostra come, nel caso dei pianeti, Tolomeo non inventò i dati, ma si dedicò a osservazioni accurate con buoni risultati[117].

5. Oltre la *Syntaxis*?

Tolomeo non tratta nell'identico modo tutti gli strumenti che presenta. La differenza di trattazione sembra essere un esito della riflessione compiuta sulle prestazioni offerte da alcuni di essi. In particolare, la mancanza di una approfondita descrizione denota che lo strumento ha un qualche vizio intrinseco, come nei casi dell'armilla equatoriale o della diottra di Ipparco. Stando così le cose, appare legittimo chiedersi come mai Tolomeo non abbia dato spazio a uno strumento come lo "gnomone" (*gnómon*, indagatore), più semplice da costruire di qualunque altro e erede di una lunghissima tradizione d'uso? E, a maggior ragione, come mai la *Syntaxis* non menziona la "diottra di Erone", un dispositivo che la storiografia ritiene in anticipo sul proprio tempo, o, in alternativa, indice dell'alto livello raggiunto dalla scienza alessandrina prima di Tolomeo? Una indagine accurata su questi strumenti tralasciati dalla *Syntaxis* porta alla luce alcuni interessanti aspetti dell'osservazione astronomica alessandrina. Questa analisi non può essere però compiuta senza esaminare le potenzialità e il ruolo svolto nelle osservazioni astronomiche da un altro tipo di congegni: i misuratori di tempo.

*extraneus@imss.fi.it

NOTE

[1] GRASSHOFF 1990, p. 7.

[2] NEUGEBAUER 1975, pp. 834, 901 e 913.

[3] Toomer, in: TOLOMEO 1984, p. 1.

[4] TOLOMEO 1984, p. 46 (I, 8).

[5] *Ivi*, pp. 61-62 (I, 12). Vedi anche: GRANT 1852, p. 436; DREYER 1890, p. 318; DICKS 1954, pp. 78-79; KING 1955, p. 7; PRICE 1957, pp. 598-599 e p. 597, fig. 343b; KING 1978, p. 23; BENNETT 1987, p. 12; TOOMER 1996, p. 109, fig. s.n.

[6] DELAMBRE 1817, v. I, p. 86; GRANT 1852, p. 436, KING 1955, p. 7.

[7] Al 150 – 100 a.C. risale l'*Iscrizione di Keskinto*, rinvenuta a Rodi, che divide la circonferenza in 360 parti (*moiroi*) e in 720 punti (*stigmoi*); NEUGEBAUER 1975, pp. 590 e 698-699. Sul ruolo di Ipparco v. anche: HOSKIN 1999, p. 37; LEWIS 2001, pp. 40-41.

[8] TOLOMEO 1984, p. 62 (I, 12).

[9] NEUGEBAUER 1975, p. 275.

[10] TEONE 1936, p. 515.

[11] HALMA 1820, pp. 78-80.

[12] SKINNER 1951, pp. 941-942.

[13] HALMA 1820, pp. 81-82.

[14] TOLOMEO 1984, pp. 62-63 (I, 12). Vedi anche: GRANT 1852, p. 440; DREYER 1890, p. 320; DICKS 1954, p. 79; ZINNER 1956, p. 203; PRICE 1957, p. 598; KIELY 1979, p. 77; BENNETT 1987, p. 13; EVANS 1998, pp. 205-206; EVANS 1999, p. 272.

[15] EVANS 1998, p. 206.

[16] Si vedano per esempio gli orologi solari ai lati est e ovest della *Torre dei Venti* di Atene (fine II - inizio I sec. a.C.), attribuita a Andronico di Cirro; VITRUVIO 1997, v. I, pp. 48-49 (I, 6, 4).

[17] *Ivi*, v. II, pp. 1234-1235 (IX, 8, 1).

[18] TEONE 1936, p. 524. Sul corobate: VITRUVIO, 1997, v. II, pp. 1136-1139 (VIII, 5, 1-3); KIELY 1979, pp. 20-24; LEWIS 2001, pp. 30-35. Sulle livelle a due gambe e a forma di "A", v.: *ivi*, pp. 27-29 e p. 28, fig. 1.5.

[19] TEONE 1936, p. 524.

[20] TOLOMEO 1984, p. 63 (I, 12).

[21] *Ibid.*

[22] *Ivi*, p. 70 (I, 14).

[23] V. rispettivamente: *ivi*, p. 80 (II, 4) e p. 85 (II, 6).

[24] *Ivi*, p. 63 (I, 12).

[25] *Ivi*, p. 247 (V, 12).

[26] *Ivi*, p. 138 (III, 1).

[27] *Ivi*, p. 133 (III, 1).

[28] *Ivi*, p. 134 (III, 1).

[29] *Ibid.*

[30] BRITTON 1992, pp. 14-15 e 22-24.

[31] Per ipotetiche attribuzioni a Eratostene e a Apollonio di Perge (III sec. a.C.) v.: DELAMBRE 1817, v. I, p. 86; BRUIN & BRUIN 1976, p. 95.

[32] TOLOMEO 1984, p. 138 (III, 1) e p. 168 (III, 7).

[33] DICKS 1954, p. 79; BRUIN & BRUIN 1976, p. 89; EVANS 1998, p. 206, fig. 5.2; EVANS 1999, p. 274, fig. 26.

[34] PRICE 1957, p. 596.

[35] *Ivi*, p. 597, fig. 343c; EVANS 1998, p. 206, fig. 5.2; EVANS 1999, p. 274, fig. 26.

[36] *Ivi*, pp. 93-96.

[37] TANNERY 1893, p. 76; PRICE 1957, p. 598.

[38] TEONE 1943, pp. 819-820.

[39] GRANT 1852, p. 436; DICKS 1954, p. 80; EVANS, 1998, pp. 206-207; EVANS, 1999, pp. 275-276.

[40] TOLOMEO 1984, p. 137 (III, 1).

[41] *Ivi*, p. 133 (III, 1).

[42] *Ivi*, p. 134 (III, 1).

[43] BRITTON 1992, p. 14.

[44] PRICE 1957, p. 597; DICKS 1954, p. 80; LEWIS 2001, p. 39.

[45] Lejeune, in: TOLOMEO 1989, pp. 22-26.

[46] TOLOMEO 1989, pp. 237-241 (V, 23-29).

[47] BRUIN & BRUIN 1976, pp. 99-106; BRITTON 1992, pp. 25-32; EVANS 1998, p. 207.

[48] TOLOMEO 1984, p. 138 (III, 1) e p. 168 (III, 7).

[49] *Ivi*, p. 140 (III, 1).

[50] *Ivi*, p. 173 (IV, 1).

[51] *Ivi*, p. 174 (IV, 1).

[52] *Ivi*, p. 181 (IV, 5).

[53] *Ivi*, pp. 190-203 (IV, 6). V. anche: NEUGEBAUER, 1975, pp. 71-78; DEL SANTO & STRANO 1996, pp. 94-96; TOOMER 1996, pp. 100-101.

[54] STEELE 2000, p. 104, tab. 4; BRITTON 1992, p. 74; NEUGEBAUER 1975, p. 78, tab. 6.

[55] DEL SANTO & STRANO 1996, pp. 96-101.

[56] TOLOMEO 1984, pp. 217-219 (V, 1). V. anche: DELAMBRE, 1817, vol. II, p. 184-185; DREYER 1890, p. 315.

[57] PRICE 1957, p. 601; TURNER 1991, p. 18.

[58] DREYER 1890, p. 315; NEEDHAM 1954-, v. III-1, p. 417. Contano sette anelli: TANNERY 1893, p. 72; DICKS 1954, pp. 82-83; PRICE 1957, pp. 601-602; BENNETT 1987, p.13; TURNER 1991, p. 18; EVANS 1999, p. 278. Altri autori danno computi ancora diversi o ambigui.

[59] GRANT 1852, pp. 435-438; NEEDHAM 1954-, vol. III-1, pp. 417-420; DICKS 1954, p. 83; KING 1978, p. 23; TURNER 1991, p. 18.

[60] TANNERY 1893, pp. 70-71, 75-76 e 119-120.

[61] TOLOMEO 1828, p. 13 (I, 3).

[62] *Ibid.*

[63] PAPPO 1931, pp. 3-4 (I).

[64] HALMA 1820, p. 137.

[65] PAPPO 1931, p. 10.

[66] *Ivi*, p. 6.

[67] *Ivi*, p. 9.

[68] *Ivi*, pp. 12-13.

[69] *Ivi*, p. 12.

[70] Teone, in: TOLOMEO 1538, v. II, pp. 231-234 (V, 1); HALMA 1820, p. 136.

[71] *Ivi*, pp. 137-138.

[72] TOLOMEO 1984, p. 219 (V, 1).

[73] *Ivi*, p. 223 (V, 3), p. 328 (VII, 2), p. 461 (IX, 10), p. 474 (X, 3), p. 499 (X, 8), p. 520 (XI, 2) e p. 538 (XI, 6).

[74] GRASSHOFF 1990, pp. 77-78 e p. 78, fig. 3.1.

[75] BRITTON 1992, pp. 120-121.

[76] TOLOMEO 1984, pp. 244-246 (V, 12). V. anche: DELAMBRE 1817, v. II, pp. 207-208; DRACHMANN 1950, pp. 128-130 e p. 129, fig. 5; DICKS 1954, pp. 80-81; ZINNER 1956, p. 199; PRICE 1957, pp. 599-600 e p. 599, fig. 344; EVANS 1999, p. 282-283; LEWIS 2001, p. 39.

[77] DELAMBRE 1817, v. II, p. 208.

[78] PRICE 1957, p. 599, fig. 344.

[79] PAPPO 1931, p. 72 (XII).

[80] *Ivi*, p. 73 (XII).

[81] *Ibid.*

[82] *Ivi*, pp. 75-77 (XII).

[83] Teone, in: TOLOMEO 1538, v. II, pp. 257-258 (V, 12).

[84] HALMA 1820, pp. 102-103.

[85] *Ivi*, p. 94.

[86] TOLOMEO 1984, pp. 57-60 (I, 11).

[87] *Ivi*, p. 246 (V, 12). V. anche: DICKS 1954, p. 81; EVANS 1999, pp. 281-283.

[88] TOLOMEO 1984, pp. 246-247 (V, 12).

[89] *Ivi*, p. 247 (V, 12).

[90] *Ibid.*

[91] *Ivi*, pp. 247-248 (V, 13).

[92] Rome, in: PAPPO 1931, p. 72, n. 1; DICKS 1954, p. 81; GRASSHOFF 1990, p. 63.

[93] TOLOMEO 1984, p. 248 (V, 13).

[94] *Ivi*, p. 252, (V, 14).

[95] *Ivi*, p. 252-253 (V, 14).

[96] DELAMBRE 1817, v. I, p. 103; TANNERY 1893, p. 46; KING 1955, p. 6. Nella *Vita Marcelli* (XIX, 6) Plutarco narra che Archimede si stava recando dal console Marcello per portargli questo strumento, allorché fu ucciso da un soldato romano.

[97] ARCHIMEDE 1974, p. 451.

[98] *Ivi*, p. 450.

[99] PAPPO 1931, pp. 90-91.

[100] Teone, in: TOLOMEO 1538, v. II, pp. 261-265 (V, 14).

[101] HALMA 1820, pp. 109-110.

[102] ARCHIMEDE 1974, pp. 450-452.

[103] TOLOMEO 1984, pp. 252-253. V. anche: PEDERSEN 1974, p. 208; EVANS 1999, p. 281.

[104] EITREM & AMUNDSEN 1925-1936, v. III, p. 30, rr. 1-8.

[105] TOLOMEO 1984, pp. 327-328 (VII, 2).

[106] *Ivi*, p. 328 (VII, 2).

[107] *Ivi*, p. 339 (VII, 4). Sull'uso dell'astrolabio armillare v. anche: GRANT 1852, p. 440; PEDERSEN 1974, pp. 239-240; WLODARCZYK 1987, p. 177; GRASSHOFF 1990, pp. 11-12; EVANS 1998, p. 256.

[108] TOLOMEO 1984, pp. 341-399 (VII, 5 - VIII, 1).

[109] *Ivi*, p. 340 (VII, 4).

[110] *Ivi*, p. 333 (VII, 3).

[111] *Ivi*, p. 339 (VII, 4).

[112] NEUGEBAUER 1975, p. 284.

[113] STRANO 2004, pp. 85-89.

[114] TOLOMEO 1989, p. 238 (V, 24).

[115] Otto osservazioni per Mercurio: *ivi*, pp. 449-461 (IX, 7-10), sei per Venere: *ivi*, pp. 469-474 (X, 1-4), quattro per Marte: *ivi*, pp. 484-499 (X. 7-8), quattro per Giove: *ivi*, pp. 507-520 (XI, 1-2), e quattro per Saturno: *ivi*, 525-538 (XI, 5-6).

[116] Toomer, in: TOLOMEO 1984, p. 12.

[117] STRANO 2004, pp. 91-95.

BIBLIOGRAFIA

ARCHIMEDE 1974 = ARCHIMEDE, *Opere* (a cura di A. Frajese), Torino 1974.

BENNETT 1987 = J. A. BENNETT, *The Divided Circle. A History of Instruments for Astronomy, Navigation and Surveying*, Oxford 1987.

BOFFITO 1929 = G. BOFFITO, *Gli strumenti della scienza e la scienza degli strumenti*, Firenze 1929.

BRITTON 1992 = J. P. BRITTON, *Models and Precision: The Quality of Ptolemy's Observations and Parameters*, New York 1992.

BRUIN & BRUIN 1976 = F. BRUIN & M. BRUIN, The *equator ring, equinoxes and atmospheric refraction*, in *Centaurus* 20-2, 1976, pp. 89-111.

DEL SANTO & STRANO 1996 = P. DEL SANTO & G. STRANO, *Observational evidence and the evolution of Ptolemy's lunar model*, in *Nuncius*, I, 1996, pp. 93-122.

DELAMBRE 1817 = J. B. J. DELAMBRE, *Histoire de l'Astronomie Ancienne*, Parigi 1817.

DICKS 1954 = D. R. DICKS, *Ancient astronomical instruments*, in *Journal of the British Astronomical Association*, 64, 1954, pp. 77-85.

DRACHMANN 1950 = A. G. DRACHMANN, *Heron and Ptolemaios*, in *Centaurus*, 1, 1950, pp. 1-36.

DREYER 1890 = J. L. E. DREYER, *Tycho Brahe: a picture of scientific life and work in the Sixteenth century*, Edimburgo 1890.

EITREM & AMUNDSEN 1925-1936 = S. EITREM & L. AMUNDSEN, *Papyri Osloensen*, 3 voll., Oslo 1925-1936.

EVANS 1998 = J. EVANS, *The History and Practice of Ancient Astronomy*, New York 1998.

EVANS 1999 = J. EVANS, *The material culture of Greek astronomy*, in *Journal for the History of Astronomy*, 100, 1999, pp. 237-307.

GRANT 1852 = R. GRANT, *History of physical astronomy*, Londra 1852.

GRASSHOFF 1990 = G. GRASSHOFF, *The History of Ptolemy's Star Catalogue*, Harrisonburg 1990.

HALMA 1820 = N. B. HALMA, *Hypothèses et époques des planètes, de C. Ptolémée, e Hypotyposes de Proclus Diadocus* (trad. fr., testo greco a fronte), Parigi 1820.

HOSKIN 1999 = M. HOSKIN (a cura di), *The Cambridge concise history of astronomy*, Cambridge 1999, (trad. it.: *Storia dell'astronomia di Cambridge*, Milano 2001).

KIELY 1979 = E. R. KIELY, *Surveying instruments; their history*, Columbus 1979.

KING 1955 = H. C. KING, *The history of the telescope*, Londra 1955.

KING 1978 = H. C. KING, *Geared to the stars. The evolution of planetariums, orreries, and astronomical clocks*, Toronto 1978.

LEWIS 2001 = M. J. T. LEWIS, *Surveying instruments of Greece and Rome*, Cambridge 2001.

NEEDHAM 1954 = J. NEEDHAM, *Science and civilisation in China*, 7 voll., Cambridge 1954 (trad. it.: *Scienza e civiltà in Cina*, 3 voll., Torino 1981-86).

NEUGEBAUER 1975 = O. E. NEUGEBAUER, *A History of Ancient Mathematical Astronomy*, 3 voll., Berlino 1975.

PAPPO 1931 = PAPPO, *Commentaires de Pappus et Théon d'Alexandrie sur l'Almageste. Commentaires sur les livres 5 et 6 de l'Almageste* (a cura di A. Rome), Roma 1931.

PEDERSEN 1974 = O. PEDERSEN, *A survey of the Almagest*, in *Acta Historica Scientiarum Naturalium Medicinalium*, 30, Odensa 1974.

PRICE 1957 = D. J. PRICE, *Strumenti di precisione fino al 1500*, in C. SINGER (a cura di), *A history of technology*, 7 voll., Oxford 1954-1978 (trad. it.: *Storia della tecnologia*, 7 voll., v. III-2, Torino, 1992-1996, pp. 592-627).

SKINNER 1951 = F. G. SKINNER, *European weights and measures derived from ancient standards of the Middle East*, in *Archives Internationales d'Histoire des Sciences*, 17, 1951, pp. 933-951.

STEELE 2000 = J. M. STEELE, *A re-analysis of the eclipse observations in Ptolemy's Almagest*, in *Centaurus* 42-2, 2000, pp. 89-108.

STRANO 2004 = G. STRANO, *Claudio Tolomeo e Tycho Brahe: Tradizione e innovazione negli strumenti per l'osservazione astronomica*, Tesi di dottorato in Storia della Scienza, Università di Firenze 2004.

TANNERY 1893 = P. TANNERY, *Recherches sur l'histoire de l'astronomie ancienne*, Parigi 1893.

TAUB 2002 = L. C. TAUB, *Instruments of Alexandrian astronomy: the uses of the equinoctial rings*, in C. J. TUPLIN, T. E. RIHLL (a cura di), *Science and mathematics in Ancient Greek culture*, Oxford 2002, pp. 133-149.

TEONE 1936 = TEONE, *Commentaires de Pappus et Théon d'Alexandrie sur l'Almageste. Commentaires sur les livres 1 et 2 de l'Almageste* (a cura di A. Rome), in *Studi e testi*, 72, Roma 1936.

TEONE 1943 = TEONE, *Commentaires de Pappus et Théon d'Alexandrie sur l'Almageste. Commentaires sur les livres 3 et 4 de l'Almageste* (a cura di A. Rome), Roma 1943.

TOLOMEO 1538 = C. TOLOMEO, *Claudii Ptolemaei Magnae Constructionis, id est perfectae coelestium motuum pertractationis, lib. XIII; Theonis Alexandrini in eodem Commentariorum lib. XI*, Basilea, 2 voll., 1538.

TOLOMEO 1828 = C. TOLOMEO, *Traité de géographie de Claude Ptolémée d'Alexandrie* (trad. fr., testo greco a fronte), Parigi 1828.

TOLOMEO 1984 = C. TOLOMEO, *Ptolemy's Almagest* (trad. ingl. e note di G. J. Toomer), Londra 1984.

TOLOMEO 1986 = C. TOLOMEO, *L'Optique de Claude Ptolémée, dans la version latine d'après l'arabe de l'émir Eugène de Sicilie* (trad. fr., testo latino a fronte), Leida 1986.

TOOMER 1996 = G. J. TOOMER, *Tolomeo e i suoi predecessori greci*, in: C. WALKER (a cura di), *Astronomy before the telescope*, Londra 1996 (trad. it. *L'astronomia prima del telescopio*, Bari 1997, pp. 87-128).

TURNER 1991 = G. L'E. TURNER, *Il ruolo degli strumenti nello sviluppo scientifico*, in P. GALLUZZI (a cura di), *Storia delle scienze*, 5 voll., vol. I, "Gli strumenti", pp. 15-65, Milano 1990-1994.

VITRUVIO 1997 = M. VITRUVIO POLLIONE, *De architectura* (a cura di P. Gros; trad. it. e note di A. Corso e E. Romano; testo latino a fronte), 2 voll., Torino 1997.

WLODARCZYK 1987 = J. WLODARCZYK, *Observing with the armillary astrolabe*, in *Journal for the History of Astronomy*, 54, 18, pt. 3, 1987, pp. 173-195.

ZINNER 1951 = E. ZINNER, *Astronomie; Geschichte ihrer Probleme*, Freiburg 1951.

Il recupero del pensiero tecnico-scientifico antico e il problema dell'accesso alle fonti nel *De la Pirotechnia* di Vannoccio Biringuccio

di

*Andrea Bernardoni**

Abstract

Vannoccio Biringuccio was a master craftsman in the practices of smelting and metalworking in the first part of the XVI century. The Biringuccio's De la pirotechnia is the first printed work that cover the whole field of metallurgy. This article analyses some Biringuccio's reference to the ancient authors to show the modality and the difficulty to gain access of the ancient source by an unlettered author. The focus will be, first, in the cultural context of Biringuccio education, and, in four cases where Biringuccio uses concepts taken from philosophical tradition in relation to criticize: the medieval use of Aristotle theory of mineral generation in the explication of alluvial gold, the Aristotle explanation of the generation of see water, the Plato and Aristotle's theory of the vision and, lastly, the Biringuccio's attempt to explain the gunpowder's explosion based on a medley by the Aristotelian's elemental theory with the empirical experience.

Il tema del rapporto tra gli ingegneri rinascimentali e la tecnologia antica ci pone di fronte al problema delle modalità che regolarono il loro accesso alle fonti. Durante il XV secolo i cosiddetti "artisti-ingegneri"[1] si resero protagonisti di una riqualificazione culturale che li portò alla ribalta sociale sia per le loro opere artistiche che come autori di trattati su argomenti tecnici. L'aspirazione a diventare autori, inedita fino a quel momento nella sfera della cultura tecnica, fece maturare nei principali protagonisti di questa "rivoluzione culturale" l'esigenza di sviluppare in maniera organica le loro discipline e la loro professionalità fino a ritenere indispensabile l'assimilazione della tecnologia del passato. Grazie alle traduzioni dei testi antichi di ottica, meccanica (gli studi di Archimede sulla *Scientia de ponderibus*), geometria (Archimede, Euclide), architettura (Vitruvio) e storia naturale

(Plinio), gli ingegneri trasformarono il proprio lavoro da attività basata esclusivamente sulla prassi a disciplina fondata su premesse teoriche definite in maniera assiomatica, le quali venivano messe in pratica attraverso metodi (rigorosi) di calcolo e di misurazione[2]: esemplari sono i casi di Francesco di Giorgio che si impegna a scrivere di proprio pugno una traduzione del trattato di Vitruvio[3] e Leonardo da Vinci che, dopo i trent'anni, si cimenta nello studio del latino registrando nei suoi quaderni lunghi elenchi di parole da memorizzare.

Il problema delle fonti degli ingegneri è molto complesso e difficilmente risolvibile cercando corrispondenze e parallelismi che dimostrino letture certe. Come ha sottolineato E. Garin in relazione a Leonardo da Vinci, ma ciò vale anche per gli altri autori di estrazione tecnica tra XV e XVI secolo, non ha senso fare di lui il seguace

di questo o quel filosofo antico e medievale, gli ingegneri erano privi di formazione universitaria ed è molto difficile capire in che misura fossero in grado di accedere direttamente alle fonti antiche degli argomenti oggetto dei loro studi[4]. La loro scolarizzazione si fermava nel migliore dei casi alla scuola d'Abaco[5] e le questioni di carattere scientifico non erano il frutto di pedisseque letture, ma il risultato di discussioni e riflessioni condotte nel tentativo di dare una risposta a qualche fenomeno naturale difficile da interpretare.

Alla metà del XV secolo, cantieri edili come quello dell'Opera del duomo di Firenze e le botteghe artigiane più evolute quali quella del Ghiberti o del Verrocchio, erano centri culturali nei quali venivano discussi problemi di geometria, matematica, ottica, alchimia e fonderia. Questi ambienti, insieme ai circoli umanisti costituivano il tessuto culturale cittadino, meno rigido dell'insegnamento universitario, ma che offriva molteplici occasioni di contatto tra artisti, umanisti e scienziati; a tale proposito, per esempio, giova ricordare l'amicizia tra Paolo del Pozzo Toscanelli e Brunelleschi, tra Leonardo e Luca Pacioli, tra Biringuccio e Benedetto Varchi. Questo accostamento tra personalità eminenti del fronte delle arti e delle scienze, anche se in maniera schematica, mostra l'unitarietà del tessuto sociale all'interno del quale si crearono quelle contaminazioni culturali che hanno permesso il formarsi di profili intellettuali singolari come quelli di Leonardo e di Biringuccio[6].

Non abbiamo notizie sul curriculum scolastico di Biringuccio, ma in considerazione dell'appartenenza della sua famiglia al ceto borghese e vista la continuità di interessi con il padre che rivestiva un importante ruolo dirigenziale nell'amministrazione senese e gestiva attività minerarie in Maremma[7], possiamo presumere che egli avesse seguito l'iter classico dei giovani avviati alla carriera artigiana frequentando prima "la scuola elementare", nella quale si imparava a leggere, scrivere e far di conto, per poi passare alla scuola d'abaco dove gli studenti che non proseguivano con lo studio delle lettere completavano la loro formazione imparando la scrittura mercatesca e la matematica pratica necessarie per la loro futura professione[8]. Successivamente avrebbe iniziato il periodo di tirocinio presumibilmente con il padre e poi nei cantieri minerari di Pandolfo Petrucci, alla cui famiglia rimase legato per buona parte della vita seguendone le vicissitudini[9].

Dalla lettura del *De la pirotechnia* apprendiamo che Biringuccio, nonostante nell'opera ricorrano anche i nomi di altri autori[10], aveva familiarità prevalentemente con Plinio[11] e Alberto Magno. Le molteplici simmetrie con il *De mineralibus*, che costituisce probabilmente la sua principale fonte di accesso anche alla teoria aristotelica sulla generazione e trasformazione naturale delle sostanze[12], ci inducono a credere che egli ne avesse avuta una conoscenza diretta e che quindi fosse in grado di leggere il latino appreso, molto probabilmente, da autodidatta o dietro la guida di un insegnante privato.

Quando Biringuccio inizia la sua formazione nell'ultimo decennio del Quattrocento, la figura professionale del tecnico di alto livello non poteva più prescindere dalla conoscenza delle opere di ingegneria antiche, considerate parte integrante del proprio bagaglio culturale; anche se è ancora prematuro pensare a centri di formazione per gli ingegneri, come mostrano i numerosi manoscritti ancora oggi presenti nella Biblioteca Comunale di Siena, a partire dalla metà del Quattrocento fino all'assoggettamento mediceo avvenuto nel 1555, in questa città si era sviluppata una vera e propria scuola che vide in Taccola prima e Francesco di Giorgio poi, i maestri delle generazioni di tecnici successive[13].

L'ambiente senese era molto sensibile alla cultura tecnologica e fino dagli inizi del Quattrocento si era fatto promotore di importanti opere pubbliche come la rete dei bottini per l'approvvigionamento idrico della città, la costruzione di un lago artificiale in Maremma che doveva servire come peschiera e inoltre, sul finire del secolo, dopo l'ascesa politica di Pandolfo Petrucci, furono avviate numerose iniziative private per intensificare l'attività mineraria e metallurgica al fine di un rinnovamento e un potenziamento dell'arsenale bellico[14]. Recenti studi sulla classe dirigente senese nel periodo dell'egemonia della famiglia Petrucci hanno evidenziato l'importanza attribuita all'organo amministrativo della Camera del Comune alla quale era affidato il ruolo di coordinare tutte le attività "tecnologiche" militari e civili. Intorno a questo organismo politico amministrativo per volontà di Pandolfo Petrucci e Paolo Salvetti si creò un'oligarchia tecnica della quale facevano parte anche Paolo di Vannoccio Biringucci e Francesco di Giorgio[15].

Come ha fatto notare G. Chironi, la presenza della famiglia Vannocci Biringucci in questo istituto, con Vannoccio anche provveditore fino al 1516, assume una valenza sociale in quanto denota la loro appartenenza al ceto dirigente più vicino al potere. Alla luce di questo scenario politico culturale, quindi, possiamo pensare che la formazione dei fratelli Biringucci sia avvenuta a stretto contatto con personaggi di rilievo dell'ingegneria senese quattro-cinquecentesca come Francesco di Giorgio, Iacopo Cozzarelli, Baldassarre Peruzzi e altri elementi di spicco della cultura tecnica senese come Paolo Salvetti, del quale erano note le competenze nell'ambito della mineralogia al punto da ricevere un invito da parte del Re Giovanni di Portogallo per lo sfruttamento delle miniere lusitane[16], e l'astrologo Lucio Bellanti, un membro influente della fazione politica dei Noveschi che partecipò alla gestione della Camera del Comune insieme al Petrucci e al Salvetti fino al 1495[17]. Bellanti godette di una certa notorietà per un'opera scritta in difesa dell'astrologia divinatrice, il *De astrologia veritate et in disputationes J. Pici adversus astrolgos responsiones* (1498), nella quale confutava le posizioni di Pico della Mirandola.

È proprio il rapporto con Francesco di Giorgio ad assumere un particolare rilievo per comprendere la statura intellettuale di Biringuccio. Non ci sono prove che testimonino un discepolato diretto, ma certamente l'esperienza culturale di Francesco, che da artista si trasforma in architetto, ingegnere e poi in " ingegnere umanista" è singolare e ha certamente influenzato il contesto sociale e culturale nel quale ha operato[18]. Secondo Milanesi, negli anni Novanta del Quattrocento Francesco di Giorgio si era ritirato a vita solitaria in una villa della campagna senese, presso Volta Figulle, dove andavano spesso a trovarlo Pandolfo Petrucci, Iacopo Cozzarelli e Vannoccio Biringuccio[19]. Milanesi non riporta le fonti di questa affermazione, ma il quadro descritto è verosimile: Francesco di Giorgio, ormai anziano, riveste i panni del "dotto tecnologo" impegnato nella lettura dei classici nei quali cerca i fondamenti teorici della propria disciplina mentre gli rendono omaggio i discepoli più giovani e i più stretti collaboratori politici. Certamente il giovane Vannoccio non poteva che rimanere impressionato dalla personalità e dalla cultura di Francesco che parlava di tecnologia citando Aristotele, Averroè, Avicenna, Cicerone insieme a Vitruvio e Dinocrate. Per quanto non ci siano prove che leghino in maniera diretta Biringuccio a Francesco di Giorgio, l'ipotesi di un discepolato, oltre che sulla base dei legami professionali del padre, sembra sostenibile anche in virtù di alcuni documenti che testimoniano una relazione di Vannoccio con Iacopo Cozzarelli che era il più stretto collaboratore di Francesco di Giorgio[20].

Per comprendere la personalità e il profilo intellettuale di Biringuccio, non è sufficiente quindi far riferimento alla scuola d'abaco e al tirocinio presso una bottega artigiana, ma si deve sottolineare anche l'influenza di questo contesto culturale i cui interessi spaziavano dalla tecnica agli studi umanistici all'amministrazione del territorio.

Per avere un'idea del potere economico e dell'influenza politica dei Biringucci basta fare riferimento al testamento di Paolo, il padre di Biringuccio, che oltre a numerosi possedimenti, beni immobili e attività commerciali, lascia in eredità ai figli anche la carica di procuratore della Camera del Comune[21].

Nonostante la penuria di informazioni biografiche possiamo trarre ulteriori spunti di riflessione per cercare di capire le modalità di accesso di Biringuccio agli autori antichi dai suoi contatti con alcuni personaggi di spicco della cultura fiorentina, senese e romana come Benedetto Varchi e Claudio Tolomei.

Proprio il rapporto con Varchi evidenzia un canale di accesso alle fonti antiche di filosofia naturale che potrebbe aver giocato un ruolo determinante nella formazione della teoria della materia di Biringuccio[22]. L'idea che gli elementi aristotelici abbiano una dimensione corpuscolare e partecipino alle sostanze secondo una determinata proporzione e organizzazione, che soggiace alle descrizioni di Biringuccio delle trasformazioni metallurgiche riflette un'influenza della tradizione aristotelica padovana facente capo ad Agostino Nifo e Alessandro Achillini[23], con la quale l'ingegnere senese può essere venuto in contatto attraverso Varchi che a Padova si era formato[24].

Dai riferimenti di Varchi a Biringuccio apprendiamo che uno dei loro oggetti di discussione era proprio l'alchimia ed è presumibile quindi che le loro discussioni vertessero anche sulla teoria e la pratica che descriveva e operava le trasformazioni delle sostanze[25]. Le fonti in nostro possesso ci consentono di ipotizzare lo scenario di una loro frequentazione avvenuta durante il periodo dell'assedio dell'esercito imperiale alla Repubblica fiorentino quando i due si trovano al servizio di Firenze.

Nella biografia sull'umanista fiorentino, G. Busini riporta che Varchi era solito incontrarsi con alcuni militari nella bottega di un certo Manzani[26], un cartolaio fiorentino, dove talvolta le accese discussioni sfociavano in liti furibonde[27]. In mancanza di una documentazione specifica ci è impossibile dire se la bottega di Manzani sia stata o meno il luogo dove Varchi e Biringuccio hanno disquisito di alchimia, tuttavia, questo riferimento resta importante perché arricchisce ulteriormente il contesto del dibattito tra umanisti e ingegneri mettendo in evidenza come le botteghe artigiane svolgessero un ruolo culturalmente attivo anche nei periodi di guerra, quando le ragioni della frequentazione tra dotti e artigiani, non erano quelle della preparazione di un libro da dare alle stampe[28] ma, in un contesto ben più drammatico, uomini di diversa estrazione sociale e culturale si confrontavano su questioni politiche e di tecnologia militare.

Sempre partendo dalla *Questione sull'alchimia* di Varchi possiamo immaginare altri scenari culturali che potrebbero aver visto come protagonista Biringuccio. Il libretto di Varchi, infatti, nonostante sia stato redatto nel 1544 nell'entourage culturale di Cosimo I dei Medici[29], reca una dedica ad un certo Bartolomeo Bettini, un ricco mercante fiorentino residente a Roma, anch'egli ex repubblicano che aveva partecipato alla difesa di Firenze durante l'assedio imperiale, nella cui casa Varchi era stato ospite durante il periodo del bando[30]. Per quanto una conclusione del genere abbia soltanto un valore congetturale, mette conto notare che nel 1537 sia Varchi che Biringuccio si trovavano a Roma[31] e la casa di Bettini, che Varchi definisce come un "ricchissimo e liberalissimo principe" piuttosto che un "lealissimo e accortissimo mercante", potrebbe essere stata un luogo di incontro dei tre "profughi" dell'assedio fiorentino.

Un altro possibile tramite per l'accesso di Biringuccio alla letteratura tecnico-scientifica antica potrebbe essere stato Claudio Tolomei, il quale, come lascia pensare una lettera di sollecito per recarsi a Roma scritta il 5 aprile del 1536 a Biringuccio[32], potrebbe essere stato il suo intercessore verso Paolo III nell'acquisizione della carica di fonditore e capitano d'artiglieria dell'esercito papale[33].

Tolomei, trasferitosi da Siena a Roma nel 1519, si rese protagonista di numerose iniziative culturali tra le quali spicca la creazione di una accademia dove letterati e architetti avrebbero dovuto realizzare in maniera congiunta la traduzione del *De architectura* di Vitruvio. Questi incontri in casa di Tolomei assunsero la dimensione del "circolo culturale", che a seconda delle occasioni veniva denominato "accademia delle virtù", "della poesia" o "Liceo", ed è probabile che fra i partecipanti alle riunioni vi fossero anche artisti e architetti illustri come Baldassarre Peruzzi, Antonio e Giovanbattista Sangallo e Jacopo Meleghino, che si trovavano a Roma per lavorare nel cantiere di S. Pietro[34].

Queste osservazioni mettono in evidenza alcune occasioni di arricchimento intellettuale, ma non ci aiutano a capire quale fosse il grado di autonomia di Biringuccio sulle opere latine e in che considerazione egli tenesse gli autori antichi: a domande come queste possiamo dare una risposta soltanto attraverso l'analisi della sua opera.

A prescindere dal problema delle fonti del suo pensiero Biringuccio si mostra cosciente del radicale rinnovamento che sta avvenendo nella sua epoca sia per quanto riguarda il modo di rapportarsi allo studio della natura sia sul piano tecnologico. Già a partire dal proemio della sua opera si capisce quale sia l'atteggiamento che Biringuccio assume rivolgendosi agli antichi: "Et perché (come si vede per le cave vecchie relassate da loro) gli antichi usorno in tale effetto un altro modo, qual in scambio di cominciarsi da basso alle radici de monti (come li moderni fanno) cominciavano la cava in la parte superiore del monte dove per la superficie la miniera al giorno l'appariva; e cavando al in giù a guisa di pozzi la seguitavano al profondo, et hora in qua hora in là, secondo che l'andava demostrando la seguitavano [...]. Ma chi tal cosa ben considerando cognoscerà li moderni hauer il bisogno di tal cosa meglio inteso; respetto (come si vede) a le molte e più commodità e sicurtà che rende questo tal modo che non fa l'altro"[35].

Sul piano tecnologico, a differenza di quello filosofico speculativo, la tensione tra antichi e moderni si risolveva nettamente a favore dei secondi[36]. Nel mondo delle arti il principio di autorità che sclerotizzava la riflessione filosofica perde di consistenza poiché un processo tecnologico, o funziona o non funziona e seppure, come afferma lo stesso Biringuccio, anche nell'ambito della tecnica il fare riferimento ad un antico ricettario conferisce autorevolezza ad un'opinione, la verità incontrovertibile poteva arrivare soltanto dall'esperienza: "Delli altri [fuochi artificiali] la notitia che n'ho hauta è stata per mezzo d'una operetta che molto tempo fa mi pervenne alle mani antichissima scritta in carta pecora, della quale le lettere erano tanto caduche che con difficoltà si leggevano, alla quale per la maestà della scrittura antica son stato forzato hauerla in reverentia e a darli fedel tanto più quanto sono andato considerando la natura delli simplici che nel comporli si serue quali secondo el parer mio tutte sonno cose appropriate e di-soste ad incensione, e però di seruirmene non mi sono astenuto"[37].

Le antiche pergamene meritano rispetto, ma il loro utilizzo era legato alla possibilità di attualizzarne i contenuti e, come emerge chiaramente dal passo sopra citato, la loro validità era subordinata alla verifica empirica delle proprietà pirotecniche alle quali la ricetta si riferiva. Questo atteggiamento si riscontra anche nel caso di un'autorità come Aristotele, del quale Biringuccio accetta le spiegazioni nella misura in cui queste sono comprovate dall'esperienza e, nei casi in cui ciò non fosse possibile, potevano comunque essere accettate purché rimanessero all'interno di una cornice razionale plausibile.

Definire Biringuccio un seguace della filosofia di Aristotele sarebbe certamente una forzatura, egli non era un filosofo e la sua conoscenza della dottrina aristotelica era subordinata ai suoi interessi tecnici; in essa egli cercava le ragioni, le cause, i principi comuni che consentivano la codificazione teorica di problemi sorti sul piano empirico. A differenza dei filosofi sistematici Biringuccio non ha il problema di dover mostrare la derivazione dei fenomeni naturali dai principi generali del paradigma aristotelico, la sua prospettiva è diametralmente opposta: egli parte dall'osservazione dei fenomeni e si rivolge alle spiegazioni di Aristotele o di altri filosofi, soltanto quando queste si mostrano congruenti con le osservazioni empiriche che le hanno suscitate. Nel momento in cui si perde l'aderenza con le cose osservabili il suo atteggiamento nei confronti di Aristotele e della cultura libresca diventa scettico e non esita a proferire commenti velati da una sottile ironia per sottolinearne la sterilità.

Nel capitolo dedicato alla *Miniera dell'oro e sue qualità in par-*

ticolare, trovandosi ad affrontare il problema della natura e generazione dell'oro in forma di "particelle" lungo le rive dei fiumi, afferma che dopo aver letto "alcuni scrittori", certamente il *De mineralibus* di Alberto Magno[38] e probabilmente il *Bergbüchlein* di Colbus Fribergus[39] e la *Diversis artibus schedula* del monaco Benedettino Teofilo[40], resta confuso perché questi vogliono che l'oro "in quel luocho proprio dove si trova e' si generi". Chiamando in causa la teoria della generazione dei metalli di Aristotele e sulla base di alcune osservazioni empiriche, Biringuccio avanza una serie di dubbi contro queste teorie dell'oro fluviale: perché l'oro, se si produce per le virtù proprie delle acque, delle terre e del cielo, non si ritrova in tutto il fiume e in ogni tempo? Perché tale metallo, se si genera in un luogo determinato del fiume, non subisce nessuna alterazione, visto che nel tempo vari agenti ambientali portano al cambiamento di condizioni come l'umidità e la frigidità, le quali, secondo la teoria aristotelica, dovrebbero rimanere costanti? Perché tale metallo si genera solo in determinati luoghi e non in altri? Perché in modo simile non si generano anche gli altri metalli, visto che il loro minor grado di perfezione li rende di più facile generazione?[41] Attraverso questi interrogativi Biringuccio non critica la teoria aristotelica sulla generazione dei metalli, ma la sua cattiva applicazione nella spiegazione della genesi dell'oro fluviale. Una volta svuotata di senso la spiegazione albertiana, che vede negli arenili il luogo dove i vapori minerali si trasformano in particelle metalliche[42], riporta la sua opinione: "Per le quali ragioni et apparenti effetti pare chel vi sia più dall'acqua portato, chel vi si generi. Né ancho il vero per questo nostro contradir si comprende. Per il che parlandone infra di noi così do-

mesticamente, non però per ferma resolutione, ma per dirvi quel che penso, vi dico ch'io sto, in un de due concetti che l'uno è che questo solo accade in li fiumi grandi, che riceve copie d'acque di fonti di fossati et altri fiumi, onde come auiene spesso, che per il disfar de le nievi, o per le grandissime pioggie lavano le ripe e tutte le pendici de monti vicini, ne quali può essere che vi si trovino terre che per propria lor natura habbino sustantia d'oro, over che in tal loco chi sien miniere ordinate in qualche acume o alta superficie, dove gli homini anchor non habbin preso cura d'andare [...] over potrebbe esser che tali terre sien dentro alli luochi proprii de monti propinqui, o pur del medesimo principal che per non mai seccarsi e cessar del continuo corso de l'acque agli occhi nostri sempre il fondo recoperto, non è maraviglia se in tanti seculi la vera origine e cognition di tal cosa da prossimi e convicini di tali luochi intesa non sia stata. [...] Onde se di tal cosa ho preso maraviglia, merito al tutto d'essere scusato, perché dove mancha l'intendere la causa de le cose per ragione, o la certezza effettuale apparente sempre vi son le cose dubie e vi nasce novità di maraviglia"[43].

In questo passo emerge tutta la portata epistemologica dello scetticismo di Biringuccio ed è curioso notare come egli concluda le sue osservazioni parafrasando le parole di apertura della *Meccanica* pseudo-aristotelica[44]: nel caso non si riesca a far vedere la "certezza effettuale apparente" e le cause del fenomeno restano sconosciute, le spiegazioni di tipo congetturale sono accettabili nella misura in cui rispettano i principi teorici e si mostrano adeguate all'apparenza delle cose. Le rive dei fiumi non sono di per sé posti migliori di altri per la generazione dei metalli, più plausibile, quindi, è ipotizzare che

il fluire delle acque abbia eroso qualche giacimento minerario ancora sconosciuto, trasportando a valle l'oro in forma particellare. Da queste parole è impossibile stabilire se e in che misura Biringuccio conoscesse questo testo, ma a prescindere da ciò, il ricorso a questo concetto epistemologico, è un'ulteriore testimonianza della circolazione e dell'assimilazione di idee e teorie mutuate dai testi antichi nel contesto culturale dei tecnici.

Se in questa critica della spiegazione della genesi dell'oro fluviale il bersaglio dello scetticismo di Biringuccio non è propriamente Aristotele ma le distorsioni medievali della sua dottrina sulla generazione dei metalli, diverso è il discorso sulle sue argomentazioni relative alla genesi della salsedine marina dove le sue critiche sono riferite direttamente alla spiegazione dello Stagirita.

"Sopra a che pensando a questo m'è nato un pensiero di volerui dire secondo la mia opinione, donde tal salsedine ne l'acqua marina potesse nascer anchor ch'io so che dele persone dotte per la mia poca autorità non mi sarà approuata, ne io ancor vela dirò per cosa ferma, essendo stato detto dal diuinissimo Aristotele e da tanti altri valentissimi uomini, l'oppenion de quali come credo che sappiate, è che li razzi solari siano che disecchino e abrucino certe parti dela terra e le eleuino in alto, quali poi cadendo in mare generano la sua salsedine, a le quali parole per esser dette da chi sonno non mi contra appongo, ma è ben vero che per le medesime ragioni non comprendo, perché tanti laghi e acque ferme che sono infra terra non diuentan come le marine salse, [...] Di poi ancho non comprendo ben perché si troui un luogho dil mare esser più salso che in un altro. Per il che vo pensando che tal cosa facilmente proceda da certa propria natura di terra, così salsa, e che per esserne in molti luoghi sotto le acque marine lo dia tal salmacità, e questo me lo fanno dire molte ragioni, e massime quando mi metto auanti a gli occhi della mente tanti monti con tanti vari terreni, con tanti colori e sapori che sono dale acque del mare vetati e recoperti, infra li quali non dubito, che così come ancho vi sono infra terra con miniere di sale purissimo, che in mare e ancor essere non ne possino, e di questo me ne fa ancor testimonio l'hauere inteso che in Cipro si cava peschando il sale nel fondo del mare fatto, e similmente il detto mare con le commozioni de l'onde, come arena il gitta arriua, nel paese, come dice Plinio dei Barrani"[45].

Anche in questo caso lo scetticismo di Biringuccio è penetrante e denota come egli fosse consapevole di poter svolgere un ruolo culturale attivo anche nello studio di questioni di filosofia naturale. Non si tratta qui di un'intuizione felice spiegabile con il ricorso al "paradosso dell'ignoranza"[46], ma del frutto di un pensiero consolidato che mostra una certa autonomia nel rapportarsi alle dottrine della tradizione aristotelica.

Anche se Biringuccio non dà una vera spiegazione sulla formazione della salsedine marina, il cui studio si svilupperà tra il XVIII e il XIX secolo[47], la sua argomentazione del problema ha comunque il merito di mostrare i limiti della spiegazione aristotelica partendo da una casistica più ampia di fenomeni particolari e, come già aveva fatto Leonardo[48], di inquadrare la spiegazione del fenomeno dell'acqua salata nella giusta prospettiva che ne individua la causa nello scioglimento in acqua di sostanze minerali[49].

Un altro importante riferimento critico ad Aristotele, che chiama in causa anche Platone, riguarda la spiegazione della percezione visiva. Questo caso è particolarmente

significativo perché lo spunto critico emerge da alcune considerazioni sugli specchi e mostra come a partire dal processo di produzione di un oggetto tecnologico si arrivi a mettere in crisi le teorie di Platone e di Aristotele. Descrivendo la tecnica di fabbricazione degli specchi Biringuccio entra nel merito delle dottrine aristotelica e platonica della percezione visiva affermando:

"Parmi anchora che l'oppenione del vedere di Aristotele e di Platone si facciano più confuse a resoluere, perché vediamo lo specchio essere esso stesso che gitta li razzi e abbraccia le cose, e da l'altra parte vediamo le cose con li colori e con le forme portarsi come a l'occhio alla lucidità dello specchio si dimostrano"[50]. Anche se Biringuccio rinuncia di affrontare la questione della "visione" sul piano teorico, da questo fugace accenno alla teoria della visione, siamo proiettati in un contesto teorico alternativo a Platone e ad Aristotele nel quale sembra trovare maggior credito il meccanicismo della tradizione democrito-lucreziana. Per quanto questo riferimento sia fugace, costituisce un buon esempio per evidenziare come il pensiero di Biringuccio non sia determinato in maniera rigida da precisi presupposti dottrinali, ma si strutturi su concetti e teorie che trovano un denominatore comune nell'osservazione diretta dei fenomeni.

La teoria della visione elaborata da Platone nel *Timeo* spiega la generazione della vista come un processo meccanico nel quale un flusso di particelle emanato attraverso gli occhi intercetta quello dell'oggetto percepito. La reazione di questo incontro modifica il flusso di particelle emesso dagli occhi che si ripercuote nell'anima dove l'immagine percepita resta impressa[51]. Con la stessa teoria Platone spiega anche la produzione delle immagini negli specchi, i quali

sono visti come superfici riflettenti nelle quali le particelle visuali interiori (provenienti dall'occhio) ed esteriori (provenienti dal sole) si incontrano con quelle emesse dai corpi opachi (oggetto riflesso) generando l'immagine riflessa[52].

Aristotele sviluppa una teoria della visione alternativa a quella di Platone portando argomentazioni che invalidano le soluzioni che per spiegare la formazione delle immagini nel "senso comune", l'anima, ricorrono al contatto di particelle. Per lo Stagirita la sensazione del vedere è il risultato di un'azione delle qualità visive (colori) che attraverso un mezzo diafano passano nell'organo del senso, composto della stessa sostanza diafana del mezzo esterno, fino a produrre nell'anima un'ulteriore cambiamento qualitativo che consiste nel far passare dalla potenza all'atto la qualità percepita. Per spiegare le percezioni sensoriali Aristotele presuppone l'esistenza potenziale nel senso comune di tutte le qualità che possono essere percepite. La percezione è quindi un'identificazione della qualità esterna, in atto, con una qualità interna che passa dalla potenza all'atto[53]. Il processo che genera la sensazione è quindi un movimento di tipo qualitativo, il senso della vista subisce l'azione dei corpi colorati non in quanto sostanze particolari ma perché forniti della qualità del colore, secondo la forma. "Ciò che sente (il senso) deve essere una quantità, ma né l'essenza della facoltà sensitiva né la sensazione sono quantità, bensì una forma e capacità del sensorio"[54]. Aristotele non si preoccupa di spiegare la riflessione degli specchi come un fenomeno che in qualche modo riguarda il processo della percezione visiva e criticando questo parallelo tra occhio e specchio afferma che il vedere non risiede nell'immagine prodotta dallo specchio ma in chi vede e liquida gli specchi dicendo che sono solo un caso di rifrazione[55].

Il breve passo del *De la pirotechnia* che mette in crisi queste spiegazioni non è di facile interpretazione e se da un lato ci ha portato a pensare a un'influenza lucreziana in quanto si tratta di immagini che "si portano all'occhio così come allo specchio", dall'altro non dobbiamo escludere che i suoi dubbi siano il risultato di un pensiero originale condotto a partire da qualche idea confusa sulle teorie della riflessione e dall'osservazione diretta di tale fenomeno. Pur mancando riferimenti specifici all'Autore latino i dubbi sollevati da Biriguccio alla teoria della visione di Aristotele e Platone riflettono una teoria simile a quella contenuta nel *De rerum natura*[56]. Per Lucrezio la visione è un processo meccanico di tipo passivo, l'occhio non emette flussi di particelle visive ne è oggetto di mutazioni di tipo qualitativo, l'immagine si forma perché gli atomi emessi dai corpi esterni colpiscono i nostri occhi rimanendovi impressi[57]. Per Lucrezio come per Biringuccio, non c'è distinzione tra il processo di produzione dell'immagine nell'occhio e nello specchio e in entrambi i casi si tratta di impressioni particellari: "una volta proiettata, l'immagine caccia e spinge dinanzi a sé, dirigendosi verso i nostri sguardi, lo strato d'aria interposto tra lei e i nostri occhi, e ce ne dà la sensazione prima di quella dello specchio; appena scorgiamo lo specchio stesso, un'immagine venuta da noi lo raggiunge e, riflessa da questo, ritorna fino ai nostri occhi"[58]. Biringuccio non parla apertamente di flussi di particelle, ma fa riferimento a "razzi" che abbracciano le cose, le quali, si portano allo stesso modo sia all'occhio che alla lucidità dello specchio. Inoltre Biringuccio lega la riflessione alla lucidità della materia e quest'ultima è una condizione esterna dei corpi che si raggiunge attraverso una modificazione meccanica della superficie. Tale condizione è molto instabile perché il "contatto" con "l'aria caliginosa" cioè con l'aria che reca particelle acquee e terrose in sospensione, crea su tale superficie un velo opaco che va asportato meccanicamente. In definitiva sulla riflessione influisce lo stato superficiale della materia il che induce a pensare ad un processo meccanico.

Questa attitudine alla comparazione tra osservazioni empiriche e le teorie della tradizione aristotelica emerge anche in relazione al fenomeno della combustione.

Nel *De la pirotechnia* Biringuccio distingue tra "fuoco materiale" e "fuoco elementare" il primo è quello artificiale e si identifica nei composti pirotecnici come la polvere da sparo, il secondo è invece il fuoco naturale che può essere allo stato "apparente e vivo", quando cioè è isolato dagli altri elementi e mostra la sua fiamma, oppure resta ad uno stato materiale, quando come nella polvere da sparo, è frammisto con gli altri elementi[59]. Il fuoco è quindi una sostanza materiale attiva, che partecipa alla composizione dei corpi omeomeri ma che, se presa separatamente, diventa uno strumento operativo capace di alterarne le proprietà tecnologiche. Per questo motivo, anche se i processi di termoregolazione naturali non erano stati ancora codificati e quantificati, l'arte del fuoco, o pirotechnia come la chiama Biringuccio, si presentava come la disciplina tecnologica che permetteva di controllare, almeno in certi fenomeni, la forza degli elementi. L'esempio più significativo che mostra queste potenzialità dell'arte del fuoco, è quello della polvere pirica che attraverso una miscela di sostanze minerali (zolfo e salnitro) e vegetali (carbone) riesce a modulare il fenomeno dell'esplosione. Le proprietà di questa miscela costituiscono infatti una prova del "potenziale energetico" degli elementi e dimostrano come i corpi omeomeri non siano sostanze neutre ma riflettano le caratteristiche della loro struttura elementare: "molti speculatori hanno trouato quale è che in questi simplici con che si compongono la polvere sono come in tutte le altre cose generate in potentia gli elementi. Ma per quel che si vede sonno tutti proportionati a una certa siccità sottile atta da introdurvi facilmente il fuoco e introdutto moltiplicarvelo con una certa ragione"[60].

In questo passo si vede come il pensiero di Biringuccio sia animato da una tensione costante tra spiegazione teorica e osservazione pratica che lo porta a filtrare con l'esperienza tutti i concetti che si trova a mutuare dalla tradizione. È interessante notare come qui, dopo aver riportato un precetto generale di matrice aristotelica per cui tutti i corpi misti hanno in potenza gli elementi, egli compie una precisazione significativa che ci rivela quale fosse il suo concetto di elemento e cioè un qualcosa di materiale presente nel corpo misto secondo una certa proporzione i cui effetti sono osservabili empiricamente. La polvere pirica è una miscela di "sostanze omeomere" purificate e ridotte in forma pulviscolare in modo da poterle proporzionare secondo un preciso rapporto ponderale adatto a favorire la propagazione del fuoco e la trasmutazione degli altri elementi. Biringuccio non si accontenta di fornire un ricettario pirotecnico e si spinge oltre queste considerazioni generali entrando nel merito del fenomeno dell'esplosione e cercando di spiegare la trasmutazione degli elementi che costituiscono le sostanze piriche in termini quantitativi: "Quali i philosophi con isperentia hanno trouata e scrivendo ce l'hanno mostra col dirci che loro sanno che una parte di fuoco occupa luocho per dieci di aere, e una de aere per dieci d'acqua, e una d'acqua per dieci di terra"[61].

Quest'argomentazione, che per la prima volta era stata impiegata da Aristotele per negare la dimensione corpuscolare degli elementi nell'accezione di Empedocle[62], viene applicata alla spiegazione di un fenomeno fisico specifico come quello dell'esplosione che, per Biringuccio, è determinato dalla scissione dei corpuscoli elementari terrestri che si trasmutano aumentando di volume. L'argomento aristotelico, ribadito e sviluppato anche nella tradizione scolastica[63], assume qui una valenza contraria alla sua accezione originaria e viene usato per sottolineare la dimensione corpuscolare degli elementi e per tentare la quantificazione della forza propulsiva sviluppata nell'esplosione. Cercando di applicare questo principio Biringuccio elabora una spiegazione molto confusa nella quale sembra tentare una traduzione della spiegazione aristotelica in termini meccanicistici: "Per il che essendo la poluere cosa corporea e terrestre composta di quattro potentie elementali, ed essendo in la parte della sua maggiore aridezza introdutto il fuocho per mezzo del solfo fa una tanta e tale multiplicatione d'aere e di fuocho facendo con l'humi-dità e terrestrità sotile un vapore grosso acceso el quale doue el si troua mille volte tanto o più non li sarieno i termini che la contengano capaci, e ognun d'essi nella sua natura combattendo per vincere l'un l'altro se rinvigoriscono e convertono in furore e in gran ventosità respeto al caldo e humido, e così non possendo per la loro gran controversia insieme stare, è di necessità che sforzino di venire fuore l'aere al aere, e il fuocho cerchi d'andar alto tirato dalla sua natura, anchora che come agente superiore e di tutti li altri potentissimo, prima che eschino del suo dominio in sé tutti li conuerte, e di qui nasce l'impeto grande"[64].

Si tratta di un passo molto interessante perché mostra ancora una volta come Biringuccio, insoddisfatto della spiegazione aristotelica, cerchi di interpretare la trasmutazione elementare in termini volumetrici[65]: per ogni particella di terra se ne generano 1000 di fuoco al punto che il volume della canna dell'artiglieria non è più capace di contenerlo generando così la spinta necessaria al lancio del proiettile. Tuttavia, non possedendo gli strumenti concettuali per dare una corretta interpretazione del fenomeno dell'esplosione Biringuccio finisce per richiamarsi nuovamente alla teoria aristotelica del movimento individuando nella propensione degli elementi a riconquistare la propria sfera di appartenenza, la causa della propulsione del proiettile.

I quattro casi sopra riportati sull'atteggiamento critico di Biringuccio nei confronti dell'antico costituiscono la prova di come l'autore senese, pur con tutti i limiti di una formazione letteraria frammentaria, avesse maturato una propria autonomia intellettuale che gli consentiva di intervenire con pertinenza anche su complesse questioni di filosofia naturale. Come altri pensatori di cultura tecnica quali Francesco di Giorgio e Leonardo da Vinci, anche Biringuccio può essere visto come un rappresentante autorevole della nuova sfera culturale degli scienziati autodidatti che si opponevano alla cultura conservatrice appellandosi all'invenzione e all'innovazione come strumenti per indagare e comprendere la natura. Una prospettiva del genere non implicava un rifiuto delle conoscenze degli antichi, ma il loro recupero nel rispetto del vincolo epistemologico della verifica empirica, unico modo per appurarne la congruenza con la realtà e costruire un sapere oggettivo che permettesse il controllo per scopi civili e militari dei fenomeni naturali.

*bernardoni@imss.fi.it

NOTE

[1] GALLUZZI, 1996, p. 11.

[2] GALLUZZI, 1996, p. 16.

[3] La traduzione del *De architectura* di Vitruvio realizzata da Francesco di Giorgio si trova nelle carte conclusive del *Cod. Magliabechiano II. I. 141*, oggi alla Biblioteca Nazionale di Firenze (cc. 103r-192v).

[4] GARIN, 2001, p. 388-401.

[5] Per la formazione dei tecnici durante il tardo Medioevo e il Rinascimento si veda MACCAGNI, 1993 e 1996.

[6] Sulla circolazione del sapere fuori dagli ambienti accademici e sul rapporto tra artisti e umanisti GARIN 1998, p. 289-316 e GARIN 2001, p. 313-334; ROSSI 1971, p. 24-32; EAMON 1991, p. 25-50; EISENSTEIN 1995, p. 30-51; GALLUZZI 1991, p. 15-42.

[7] Paolo di Vannocci Biringucci era proprietario della Ferriera di Piancastagnaio in un luogo detto La Vena (BORRACELLI 1996, p. 1220).

[8] MACCAGNI 1993, p. 638-640.

[9] Per le notizie biografiche su Biringuccio, TUCCI 1968, p. 625-631 e CHIRONI 2000, p. 99-130.

[10] Biringuccio fa riferimento a vari autori arabi, greci e latini, ma ad esclusione di Plinio e Alberto Magno per i quali si possono trovare corrispondenze precise che lasciano pensare ad una mutuazione diretta, i riferimenti sono sfumati e in molti casi sembra trattarsi di informazioni indirette tratte dallo stesso Alberto Magno o da Francesco di Giorgio.

[11] Il nome di Plinio ricorre undici volte (2r, 3v, 19v, 27v, 30v, 34r, 35r, 37v, 38r, 41v, 150r) sempre citato come autorità dal quale trae indicazioni prevalentemente geografiche sui minerali.

[12] BERNARDONI 2006, pp. 134-199.

[13] GALLUZZI 1991, pp. 41-42; GALLUZZI 1996, pp. 46-47.

[14] BORRACELLI, 1996, pp.1222-1223.

[15] CHIRONI, 2000, p. 102.

[16] GALLUZZI, 1991, p. 40.

[17] CHIRONI, 1993, p. 379.

[18] Per quanto riguarda i rapporti con Francesco di Giorgio, sicuramente ne conosceva l'opera, come è dimostrato dai passi e dalle molte immagini della *Pirotechnia* per i quali si può parlare di mutuazione diretta: la scala campanaria (BIRINGUCCIO 1540, c. 98v) e i sistemi per "biligare" le campane (IBID. cc. 99v-100r) , alcuni dispositivi per la messa in funzione dei mantici (IBID.110r, 111v), la classificazione delle artiglierie (IBID. 78v-80v), il sistema di minatura delle fortezze, per il quale cita il nome di Francesco (IBID. c. 158r). Inoltre, come afferma Giustina Scaglia, il metodo di argomentazione di Biringuccio, riguardo ai testi di Aristotele, Averroè e Plinio, è simile a quello di Francesco di Giorgio, fondato su parole chiave, quali "prova", "esempio" e "ragione", cosa questa che ci aiuta a ricostruire il tenore del dibattito tra gli ingegneri–scienziati delle botteghe senesi (SCAGLIA 1991, p. 68).

[19] MILANESI 1973-1981, vol. 6, p. 73, nota 4.

[20] Si tratta di due partite di debito di Cozzarelli verso Biringuccio, entrambe del 1507, dalle quali si apprende come le sue relazioni professionali con la famiglia Biringucci risalissero almeno al 1494 (ANGELUCCI 1869-1870, pp. 571-572 e CHIRONI 2000, pp.108-10).

[21] Per la divisione dei beni di Paolo Vannoccio Biringucci si veda la trascrizione dell'atto notarile conservato presso l'Archivio di Stato di Siena (Notarie Antecosimiano 1057 alla data 1513 apr. 5) in CHIRONI 2000, pp. 112-116.

[22] Per quanto riguarda la teoria della materia di Biringuccio vedi BERNARDONI 2005, pp. 134-199.

[23] EMERTON, 1984, pp. 68, 92-93, 98-101.

[24] Sull'influenza dell'aristotelismo padovano su Varchi PERIFANO 1997, 98-99 e NARDI 1958, p. 241; NARDI 1965, pp. 322-329.

[25] VARCHI 1827, pp. 63-64.

[26] "[...]se ne andava per suo recreamento nella bottega di Antonio Manzani. Era costui un cartolaio e di povero stato, ma tanto piacevole e discreto e amatore del nostro Comune, che non solamente tutti i letterati, ma ancora tutti coloro che aveano giudizio e bontà praticavano volentieri con esso lui, e nella sua bottega, la quale era allora dirimpetto a S. Pulinari,..." (BUSINI *Palat.* 494, c. 5r). Un riferimento alla bottega di Manzani come scenario di animate discussioni di carattere politico militare si ha anche nella *Storia Fiorentina*: "Dove convenivano i primi e più letterati giovani di Firenze a ragionar quasi sempre o d'arme o di Stato" (VARCHI 1963, I, p. 484).

[27] "Andava oltre a questo a scaramucciare alcuna volta con Pier Nasi suo amicissimo e buonissimo archibusiere, e spesso ancora con altri soldati pagati, ma più col capitano Jacopo Buso da Perugia e 'l capitano Giomo da Siena, ottimi scaramucciatori e coraggiosi. Ora avvenne che essendo una sera di notte tempo nel Manzano con dimolti altri a ragionare insieme, come erano usati di fare spesso, della guerra e dell'assedio della città; Giovanni Baldovini, il quale per la vicinanza v'andava assai spesso, perché il Manzano teneva allora bottega dal Proconsolo, disse, come quello che era strettissimo amico di Baccio Valori, alcune cose in disfavore della libertà; per le quali parole, Lionardo di Daminao Bartolini, ardito popolano, gli messe un pugnale alla gola, e minacciorlo di dargli; aggiungendo assai parole, delle quali era copiosissimo, contro coloro che tenevano la fazione dei medici." (BUSINI *Palat.* 494, cc. 6r-v).

[28] EISENSTEIN 1995, pp. 39, 146–148.

[29] PERIFANO 1997, pp. 91-95.

[30] PIROTTI 1971, p. 14.

[31] Biringuccio si trovava al servizio del papa Paolo III come fonditore e capitano di artiglieria (TUCCI 1968, p. 626), mentre Varchi era al servizio della famiglia Strozzi come precettore (PIROTTI, 1971, p. 14 e PERIFANO, 1997, p. 92).

[32] TOLOMEI 1547, c. 180v.

[33] TUCCI 1968, p. 626.

[34] SBARAGLI 1939, pp. 49, 72, 75 e SCAGLIA, 1985, p. 65.

[35] BIRINGUCCIO 1540, *prohemio* (VI).

[36] FRANCESCO DI GIORGIO 1967, cc. 5-6.

[37] BIRINGUCCIO 1540, c. 164v.

[38] ALBERTO MAGNO 1569, p. 285.

[39] COLBUS FRIBERGUS (?), 1949, pp. 40-41.

[40] THEOPHILUS 1986, p. 98.

[41] BIRINGUCCIO 1540, cc. 2v-3r.

[42] *Aurum autem quae inter arenas generatur ut grana quaedam maiora et minora generantur ex vapore et calido subtili valdè qui inter arenarum materiam praefocatur et digeritur et postea congelatur in aurum purum, locus enim arenarum, calidus est et siccus valdè, aqua autem ingrediens claudit poros ne expiret, et ideo in se praefocatur et convertitur in aurum et ideo etiam tale aurum purum.* (ALBERTO MAGNO 1569, p. 285)

[43] BIRINGUCCIO 1540, cc. 3r e v.

[44] "Suscitano meraviglia, tra gli eventi che accadono in armonia con la natura, quelli dei quali la causa è ignota" (ARISTOTELE 2000, 847a).

[45] BIRINGUCCIO 1540, c. 35r.

[46] Con paradosso dell'ignoranza C. Maccagni si riferisce ai contributi positivi portati alle scienze dagli "scienziati volgari" che, non essendo influenzati dai precetti di una formazione accademica sarebbero stati più liberi dai pregiudizi tramandati dalla tradizione che impedivano di guardare correttamente i fenomeni della natura (MACCAGNI, 1993, p. 653).

[47] MULTHAUF 1978, pp.144-150.

[48] LEONARDO, *Ms. G*, c. 48v e *Codice Hammer*, c.11b f. 11v

[49] MIELI 1913, pp. 68-70.

[50] BIRINGUCCIO 1540, cc. 143r e v.

[51] PLATONE 2003, *Timeo*, 45 b-d.

[52] PLATONE 2003, *Timeo*, 46 a-c.

[53] ARISTOTELE 1973, *De generatione et corruptione,* I (A), 323b, 30-324a.

[54] ARISTOTELE 1973, *De anima*, II (B) 12, 424a 25-30.

[55] ARISTOTELE 1973, *De sensu,II*, 438a 5-10.

[56] Alla tradizione Lucreziana può essere ricondotta anche la concezione corpuscolarista della materia sviluppata da Biringuccio (BERNARDONI 2005, pp. 134-199), in particolare l'idea di una struttura porosa delle sostanze e il concetto di "atomo uncinato" con il quale Biringuccio spiega la struttura compatta dell'argento (LUCREZIO, 1991, *De rerum Natura*, II, 445).

[57] LUCREZIO 1991, *De rerum natura*, IV, 216-219.

[58] LUCREZIO 1991, *De rerum natura*, IV, 269-323.

[59] BIRINGUCCIO 1540, cc. 149r-168r.

[60] BIRINGUCCIO 1540, c. 152v.

[61] BIRINGUCCIO 1540, c. 142v.

[62] Discutendo la posizione di Empedocle per cui i costituenti ultimi della materia

non sono trasmutabili l'uno nell'altro, Aristotele afferma che se si ammette la possibilità di una loro comparazione quantitativa, tutti gli elementi devono avere qualche proprietà in comune che consenta una misurazione. Questo lo si può vedere nel caso del cotile d'acqua che vaporizzandosi si trasforma in dieci cotili d'aria (ARISTOTELE 1973, *De generatione et corruptione*, II, 333a 15-30).

[63] Aristotele si era limitato a mostrare il rapporto di conversione dell'acqua in aria, ma nella tradizione aristotelica medievale e rinascimentale quest'idea fu estesa alla teoria della generazione ciclica degli elementi che lo stesso Aristotele aveva spiegato in termini di bilanciamento di qualità ma senza fare alcun riferimento alla dimensione quantitativa. Nella *Margarita philosophica totius philosophiae rationalis, naturalis & moralis dialogice duodecim libris complectens* di Gregor Reisch troviamo espresso questo rapporto di conversione in base dieci (REISCH 1504, X, IV), mentre nel *De elementis* di Achillini, un'opera che risale agli inizi del XVI secolo, questo rapporto è espresso in base mille (ACHILLINI 1568, p. 227).

[64] BIRINGUCCIO 1540, c. 152v.

[65] Tartaglia nel suo *Quesiti et inventioni diverse* descrive questo processo affermando che la conversione della polvere nell'esalazione ventosa che genera l'impeto propulsivo del proiettile avviene in un rapporto volumetrico 1/10 (TARTAGLIA 1554, p. 21). Nel *De subtilitate* di Cardano invece, viene riproposto lo stesso rapporto di conversione espresso da Biringuccio (CARDANO 2004, p. 153).

BIBLIOGRAFIA

ACHILLINI 1568 = A. ACHILLINI, *De elementis*, in *Achillini Bononiensis philosophi celeberrimi opera omnia in unum collecta*, Venetiis 1568.

ALBERTO MAGNO 1569 = ALBERTO MAGNO, *De mineralibus et rebus metallicis libri quinque*, Coloniae 1569.

ANGELUCCI 1869-1870 = A. ANGELUCCI, *Documenti inediti per la storia delle armi da fuoco italiane*, Torino 1869-1870.

ARISTOTELE 1973, *Della generazione e della corruzione. Dell'anima. Piccoli trattati di storia naturale*, Bari 1973.

ARISTOTELE 2000 = ARISTOTELE, *Problemi meccanici*, (a cura di M. E. Bottecchia Dehò), Catanzaro 2000.

BERNARDONI 2005 = A. BERNARDONI, *Il De la pirotechnia di Vannoccio Biringuccio e la (ri)nascita dell'ingegneria del fuoco*, Tesi di Dottorato in Storia della Scienza, Università di Firenze 2005.

BIRINGUCCIO 1540 = V. BIRINGUCCIO, *De la pirotechnia. Libri X. dove ampiamente si tratta non solo di ogni sorte & diuersita di miniere, ma anchora quanto si ricerca intorno à la prattica di quelle cose di quel che si appartiene à l'arte de la fusione ouer gitto de metalli come d'ogni altra cosa simile à questa. Composti per il S. Vannoccio Biringuccio Senese. Con priuilegio apostolico & de la Cesarea Maesta & del illustriss. Senato Venato*, Venetia 1540.

BORRACELLI 1996 = M. BORRACELLI, *Siderurgia e imprenditori senesi nel '400 fino all'epoca di Lorenzo il Magnifico*, in *La Toscana al tempo di Lorenzo il Magnifico. Politica, economia, cultura, arte*, Firenze 1996, Vol. 3, pp.1197-1227.

BUSINI = G. BUSINI, BNCF *Ms. Palat. 494. La vita di messer Benedetto Varchi cittadin fiorentino raccolta e mandata fuori da un suo amico*.

CARDANO 2004 = G. CARDANO, *De subtilitate*, (a cura di E. NENCI), Milano 2004.

CHIRONI 1993 = G. CHIRONI, *Politici e ingegneri. I provveditori della Camera del Comune di Siena negli anni '90 del Quattrocento*, in *Ricerche Storiche*, 23, n.2, 1993, pp. 375-395.

CHIRONI 2000 = G. CHIRONI, *Cultura tecnica e gruppo dirigente: la famiglia Vannocci Biringucci*, in I. TOGNARINI (a cura di), *Una tradizione senese. Dalla Pirotechnia di Vannoccio Biringucci al museo del mercurio*, Napoli 2000, pp. 99-130.

COLBUS FRIBERGUS(?) 1949 = COLBUS FRIBERGUS(?), *Bergbüchlein*, in A.G. SISCO-C.S. SMITH, (a cura di), *Bergwerk und Probierbüchlein*, New York 1949, pp. 17-48.

EAMON 1991 = W. EAMON, *Court, Academy, and Printing House: Patronage and Scientific Careers in Late Renaissance Italy*, in B. T. MORAN (ed.), *Patronage and Institutions: science, technology and medicine at the European court: 1500 – 1750*, Rochester 1991, pp. 25-50.

EISENSTEIN 1995 = E. L. EISENSTEIN, *Le rivoluzioni del libro*, Bologna 1995, (trad. it.: *The printing revolution in early modern Europe*, Cambridge, 1983).

EMERTON 1984 = N. E. EMERTON, *The Scientific Reinterpretation of form*, Ithaca and London 1984.

FRANCESCO DI GIORGIO 1967 = FRANCESCO DI GIORGIO, *Trattati di architettura ingegneria e arte militare*, (a cura di C. Maltese), Milano 1967.

FRANCESCO DI GIORGIO 1985 = FRANCESCO DI GIORGIO, *Il vitruvio Magliabechiano di Francesco di Giorgio Martini*, (a cura di G. Scaglia), Firenze 1985.

GALLUZZI 1991 = P. GALLUZZI, *Le macchine senesi. Ricerca antiquaria, spirito d'innovazione e cultura del territorio*, in P. GALLUZZI (a cura di), *Prima di Leonardo. Cultura delle macchine a Siena nel Rinascimento*, Milano 1991, pp. 15-44.

GALLUZZI 1996 = P. GALLUZZI, *Gli ingegneri del Rinascimento da Brunelleschi a Leonardo da Vinci*, Firenze 1996.

GARIN 1998 = E. GARIN (a cura di), *Medioevo e Rinascimento*, Roma - Bari 1998, pp. 289-316, (1ª ed. in *Belfagor*, 1952, 7, pp. 272-289).

GARIN 2001 = E. GARIN,. *La cultura filosofica del rinascimento italiano*, Bologna 2001, pp. 388-401 (1ª ed. 1953, in *Atti del Convegno di Studi Vinciani*, Accademia Toscana "La Colombaria").

GUARESCHI 1904 = I. GUARESCHI, *Vannoccio Biringuccio e la chimica tecnica*, in I. GUARESCHI (a cura di), *Supplemento per l'anno 1904 alla Enciclopedia di chimica scientifica e industriale*, Torino 1904.

LEONARDO DA VINCI 1987 = LEONARDO DA VINCI, *The Codex Hammer of Leonardo da Vinci*, (a cura di C. PEDRETTI), Firenze 1987.

LEONARDO DA VINCI 1989 = LEONARDO DA VINCI, *Il manoscritto G*, trascrizione diplomatica e critica di A. MARINONI, Firenze 1989.

LO RE 1998 = S. LO RE, *Biografie e biografi di Benedetto Varchi: Giambattista Busini e Baccio Valori*, in *Archivio Storico Italiano*, fasc. 578, 1998, p. 671-736.

LUCREZIO 1991 = LUCREZIO *La natura*, Milano 1991.

MACCAGNI 1993 = C. MACCAGNI, *Leggere, scrivere e disegnare la "scienza volgare" nel Rinascimento*, in *Annali della Scuola Normale Superiore di Pisa*, 23, serie 3, fasc. 2, 1993, pp. 631-675.

MACCAGNI 1996 = C. MACCAGNI, *Cultura e sapere dei tecnici nel Rinascimento*, in M. DALAI EMILIANI, V. CURZI (a cura di), *Piero della Francesca tra arte e scienza. Atti del convegno internazionale di studi*, Arezzo 8 – 11 ottobre, Sansepolcro 12 ottobre 1992, pp. 279-292, Venezia 1996.

MIELI 1913 = A. MIELI, *La salsedine del mare e Vannoccio Biringuccio*, in *Rendiconti dell'accademia dei Lincei*, XXII, 2, 1913, pp. 68-70.

MIELI 1914a = A. MIELI, *Vannoccio Biringuccio (1480–1539) De la pirotechnia (1540)* Edizione critica condotta sulla prima edizione, corredata di note, prefazioni, appendici ed indici, ed ornata dalle riproduzioni del frontespizio e delle 82 figure originali a cura di Aldo Mieli. Volume 1. Bari 1914.

MIELI 1914b = A. MIELI, *Vannoccio Biringuccio ed il metodo sperimentale*, in "ISIS", II, 1914, pp. 91-99.

MILANESI 1973-1981 = G. MILANESI, *Le opere di Giorgio Vasari, con nuove annotazioni e commenti di Gaetano Milanesi*, Firenze 1973-1981.

MULTHAUF 1978 = R. J. MULTHAUF, *Neptune's Gift. A History of Common Salt*, Baltimore and London 1978.

NARDI 1958 = B. NARDI, *Saggi sull'aristotelismo Padovano dal secolo XIV al XVI*, Firenze 1958.

NARDI 1965 = B. NARDI, *Studi su Pietro Pomponazzi*, Firenze 1965.

PERIFANO 1997 = A. PERIFANO, *L'alchimie à la Cour de Come I°° de Medicis: Savoirs, culture er politique*, Paris 1997.

PIROTTI 1971 = U. PIROTTI, *Benedetto Varchi e la cultura del suo tempo*, Firenze 1971.

PLATONE 2003 = PLATONE, *Timeo*, Milano 2003.

REISCH 1504 = G. REISCH, *Margarita philosophica totius philosophiae rationalis, naturalis & moralis dialogice duodecim libris complectens*, Argentinen 1504.

ROSSI 1971 = P. ROSSI, *I filosofi e le macchine (1400/1700)*, Milano 1971.

SBARAGLI 1939 = L. SBARAGLI, *Claudio Tolomei umanista senese del Cinquecento, la vita e le opere*, Siena 1939.

SCAGLIA 1985 = G. SCAGLIA (a cura di), *Il "Vitruvio magliabechiano" di Francesco di Giorgio Martini*, Firenze 1985, pp. 13-71.

SCAGLIA 1991 = G. SCAGLIA, *Francesco di Giorgio, autore*, in GALLUZZI 1991, pp. 57-80.

TARTAGLIA 1554 = N. TARTAGLIA, *Quesiti et inventioni diverse de Nicola Tartaglia....,* Venetia 1554.

THEOPHILUS 1986 = THEOPHILUS, *The various arts = De diversis artibus*, Oxford 1986.

TOLOMEI 1547 = C. TOLOMEI, *De le lettere di M. Claudio Tolomei libri sette,* Venezia 1547.

TUCCI 1968 = U. TUCCI, *Biringucci (Bernigucio) Vannoccio, Dizionario Biografico degli Italiani*, X, 1968, pp. 625-631, Roma 1968.

VARCHI 1827 = B. VARCHI, *Sulla verità o falsità dell'alchimia, questione*, a cura di D. Moreni, Firenze 1827.

VARCHI 1963 = B. VARCHI, *Storia fiorentina*, Firenze 1963.

GUIDELINES FOR CONTRIBUTORS

Automata. Journal of Nature, Science and Technics in the Ancient World is an international journal devoted to the history of science and technology published once a year.

1) Manuscripts (three blind copies plus a file), no more than 30 pages in length (page calculated as typewritten text of 300 words) should be submitted to the Editor of *Automata,* Istituto e Museo di Storia della Scienza, Piazza dei Giudici 1, 50122 Florence, Italy. Every manuscript, accompanied by an abstract in English (maximum 150 words) and a brief list of keywords (maximum 3), will be subjected anonymously to double blind refereeing: all information concerning the author (name, last name, institution, address for notifications, e-mail address) should therefore be presented on a detachable cover.

2) Manuscripts should be sent in the following form: Word for Windows Document. Font: Times New roman, 12 point, standard page, default margins, double spaced.

3) Bibliographic information should be given exclusively in footnotes (endnotes not accepted) and in the following manner:

a: references to books should include author's full name, complete title of the book in italics, complete publishing information in the following order: place of publication, publisher, year of publication, page numbers cited. Examples:
David C. Lindberg (ed.), *Science in the Middle Ages*, Chicago, The University of Chicago Press, 1978.
Edward Grant, *Cosmology*, in David C. Lindberg (ed.), *Science in the Middle Ages*, Chicago, The University of Chicago Press 1978, pp. 265-302.
Charles Darwin, *The Correspondence,* 13 vols., Vol. 1, 1821-1836, Cambridge, Cambridge University Press 1985, p. 37.

b: references to articles in periodicals should include author's full name, title of article in italic type, title of periodical in roman type, year, volume number (numerals in italic), page numbers of article; colon, page cited. Example: Annamaria Ciarallo, *Classificazione botanica delle specie illustrate nel Dioscoride della Biblioteca Nazionale di Napoli,* in Automata*,* 2006, 1: 39-41, p.39.

4) Languages. *Automata* accepts articles in English, French and Italian.

5) For each article a maximum of eight figures are allowed. All derogations to this standard shall be agreed upon directly with the editor. Figures subjected for *Automata* must be free of copyright.

For further information contact the editor:

GIOVANNI DI PASQUALE
Istituto e Museo di Storia della Scienza, Piazza dei Giudici 1,
50122 Florence, Italy.
giodip@imss.fi.it

or

ERIK PENDER
«L'ERMA» di BRETSCHNEIDER
via Cassiodoro, 19
00193 ROMA
Tel. +39-06-6874127
Fax +39-06-6874129
erik.pender@lerma.it

Finito di stampare in Roma nel mese di febbraio 2008 per conto de
«L'ERMA» di BRETSCHNEIDER
dalla Tipograf S.r.l.
via Costantino Morin, 26/